FANGWEI BANWEN
SHEJI

包装印刷防伪版纹设计

主 编 李 想

副主编 向 华 吴中森

参编人员 孔祥磊 黄 敏

周云令

广东高等教育出版社
Guangdong Higher Education Press

·广州·

图书在版编目（CIP）数据

包装印刷防伪版纹设计/李想主编. —广州：广东高等教育出版社，2021.8
ISBN 978 – 7 – 5361 – 6977 – 7

Ⅰ. ①包… Ⅱ. ①李… Ⅲ. ①防伪印刷 – 包装设计 Ⅳ. ①TS853

中国版本图书馆 CIP 数据核字（2021）第 026091 号

出版发行	广东高等教育出版社
	地址：广州市天河区林和西横路
	邮政编码：510500 电话：(020) 87553335
	http://www.gdgjs.com.cn
印　刷	广东信源彩色印务有限公司
开　本	787 毫米×1 092 毫米　1/16
印　张	7.25
字　数	165 千
版　次	2021 年 8 月第 1 版
印　次	2021 年 8 月第 1 次印刷
定　价	25.00 元

出 版 说 明

　　本书是一本"二维码书"，书中印刷了数十个二维码，分布在书中各章中。用手机扫描这些二维码就可观看或收听其相应的视频或音频等数字化资源，增加对本书内容的理解，体验纸电融合、线上线下联通的学习情景；在课堂上，教师亦可以通过播放这些数字化教学资源，从而加强教学的互动性、增强趣味性、提高教学效果，同时还能有效地减轻教师的备课压力。

　　本书是一本"互联网＋"教材，是传统教材的出版创新。书中所配的所有数字化教学资源均存放在互联网"好的课"（www.heduc.com）平台上，通过二维码与纸质教材关联，打通数字化教学资源配送的"最后一公里"，方便读者学习。

　　作为出版创新之作，本书被纳入国家新闻出版广播影视重大项目（项目编号：XW20160660）的子项目，期待本书受到广大读者、学生和教师的喜爱。

前　言

　　本书主要专注于防伪版纹的原理和设计方法，即不着眼于整体包装印刷防伪，而将带领大家通过使用软件深入浅出地了解防伪版纹各种形式的表现原理和设计手段。章节安排上，第一、第二章介绍防伪版纹设计软件的界面操作和基本原理；第三、第四、第五、第六章带领大家实际动手设计团花、底纹、浮雕等版纹最主要的功能形式模块，同时深入了解渐变参数对于设计效果的影响，而后进行一些综合设计操作；第七章介绍版纹设计软件剩下的辅助防伪功能。

目 录

第一章
概　述

　　版纹防伪是包装印刷防伪中最为常见的技术手段之一，其丰富多变的线条和变幻莫测的效果，不仅提供了良好的防伪性能，而且还带来了美的观感。因此，领域内的公司企业对于兼具防伪性和美观性的版纹设计愈加青睐，以应对产品市场对包装印刷技术感和设计感越来越强的需求。

　　本章内容是本书的概述性知识。首先，介绍防伪技术的发展；其次，介绍包装印刷防伪的基础知识，由于本书重点在于防伪版纹设计，因此这部分内容不进行着重讲解；最后，对防伪设计的核心——版纹，进行基础介绍，包括其概念意义、常见种类等，并介绍当前市面上常用的防伪版纹设计软件。

第一节　防伪技术的历史发展

防伪这个概念并不是在近代才出现，也不是仅仅存在于产品包装或证券印刷当中。可以说，自从人类步入文明社会，开始群居城镇式的生活，防伪便存在于各个领域的方方面面。

中国在安阳出土的殷商饕餮纹铜玺，以及在各地大量出土的战国时期的文书印章，都可以证明印章的使用在中国不仅历史悠久，而且用途广泛。秦朝之前，无论官、私印都称为"玺"，而秦朝之后，唯有皇帝的印独称为"玺"。印章根据历代人民的习惯有"印章""印信""记""朱记""合同""关防""图章""符""契""押""戳子"等各种称呼，其本质都是在金石制的印章之上，刻好阴文或阳文（即凹或凸），而印章由雕刻师傅个人习惯技法和文字样式决定了印章难以被仿制，在古代起到了很好的防伪效果。到了宋代和元代，随着诗词书画和雕刻技法的发展，印章之上除了刻文字，甚至还有书画名家独特之设计，印章样式也多种多样（如图 1-1 和图 1-2 所示），不仅大大地加强了防伪性能，还使得印章成为气质、思想和审美的直接体现，并成为诗书画的有机组成部分。从某种意义上来说，其与版纹防伪审美性和防伪性并存的特点吻合。

图 1-1

图 1 - 2

虎符也是一种中国自古应用在军事领域的防伪手段。为了防止有人假传军令，古人发明了"虎符"（如图 1 - 3 所示），铜铸虎形，背刻铭文，分左右各半。帝王派兵之前将完整的虎符一分为二，其中一半交由主帅。虎符的精巧之处在于：两半专门设计了"子母扣"，验证时必须完全吻合，成为第一层防伪；虎符上面，制作有不规则的凸、凹点和纹路，如同密码，成为第二层防伪。此外，虎符上还有错金铭文，就是先在上面刻好阴文，再将金丝嵌在阴文之中，最终将整体打磨光亮，形成铭文。有了这几重防伪措施，别人想要伪造虎符，就没那么容易了。

图 1 - 3

类似虎符的防伪技术，还应用于中国古代的身份证明中，如图 1 - 4 所示鱼符。《隋书·高祖纪》记载："开皇九年，颁木鱼符于总管、刺史，雌一雄一……十年，冬十月甲子，颁木鱼符于京师官五品以上……十五年，五月丁亥，制京官五品以上佩铜鱼符。"显然，鱼符是官员特有的证明身份的"身份证"。鱼符分左右两半，左符放在内廷，作为存根，右符由持有人随身带着，作为身份证明。

图 1-4

到了宋代，商品经济发达，世界上最早使用的纸币"交子"（如图1-5所示）在四川发行。为了防止假钞，宋代选用"楮皮"川纸专门用于印钞，不准民间采购，这就是特殊纸张防伪法。交子图案由"屋木人物"组成，外做花纹边框，图形复杂，造假者不易模仿。后来，又用红、蓝、黑等色，套印花纹图案及官方印章，这大约就是双色及多色套印的开始——图案防伪法。到了元代，纸币不仅采用特殊材质、特殊图案和管理机构的印章，还在中央明显位置印上了"伪造者斩"的警示语，起到震慑作用。

图 1-5

而作为古代银行的"票号",也发展出防伪密押的手段,即用汉字来代表数字,如:用"生客多察看,斟酌而后行"或"赵氏连城璧,由来天下传",这各十个字,分别代表"壹贰叁肆伍,陆柒捌玖拾"十个数目字;用"国宝流通"四个字,代表"万、千、百、十"四个单位数;用"谨防似票冒取,勿忘细视书章"十二个字,代表一年中的十二个月;用"堪笑世情薄,天道最公平。昧心图自利,阴谋害他人。善恶总有报,到头自分明"三十个字,分别代表每月中的三十天。著名的晋商日升昌票号自1826年至1921年的九十五年间总共换了三百套密押,没有发生一起冒领事故。

来自于中国古代封建王朝的产物——圣旨,更是集防伪于大成。至明清时代,除了圣旨上玉玺带来的防伪效果,圣旨的布料十分考究,均为上好丝锦,绣法精妙,圣旨两端有翻飞的银色巨龙作为"防伪"标志。绢布上印满祥云图案,就像今天的防伪水印一样,而且,所有的圣旨开头的第一个字,必须是印在右上角第一朵祥云上。为了表明圣旨的真实性,还会加盖皇帝的印章。印章的材质、印文篆法、布局都极为精细,除非盗用,一般难以伪造。(如图1-6所示)

图1-6

到了近代,随着物理、化学等学科手段的革新,工业技术水平的进步,以及商业全球化的大趋势,防伪技术愈来愈受到人们的重视。而包装防伪和印刷防伪,成了重中之重。

第二节　包装防伪与印刷防伪

在物资贫乏的古代，商品不出镇，甚至不出村是常态，普通商品包装的使用远不及现代社会这么广泛和普遍。随着社会生产力的逐步提高，交通的逐渐发达，商品的流动性大大加强，商品包装储运的功能得到了更多的重视，特别是一些商品因专注于品牌效应而带来的利益，自然就对包装印刷防伪技术别样青睐。同时，随着商品交易的兴起，货币银行业的蓬勃发展便彻底激活了印刷防伪领域。包装印刷防伪领域已经是当前商品附加值不可或缺的一部分。

当讨论起包装技术和印刷技术时，二者在本质上是紧密相连的关系；同样的，包装防伪技术和印刷防伪技术也是互通和互相借鉴应用的关系。包装防伪和印刷防伪可以说是各种学科领域内知识的综合实现，包括物理、化学、材料等多领域学科技术，具体表现为：包装印刷材料防伪，如特殊包装印刷纸张、水印纸、全息纸张、安全线纸张等；包装印刷油墨防伪，如温变油墨防伪、湿度油墨防伪、压敏油墨防伪等；制版防伪，如手工制版防伪、防伪版纹等；烫金、折光、微透镜阵列、印后包装防伪等。

包装和印刷防伪是一个很大的范畴，本书不做详细讨论，只专注于对防伪版纹技术的教学。

第三节 防伪版纹概述及相关软件

一、防伪版纹概述

防伪版纹技术是一种古老而又行之有效的印刷防伪手段。其基本原理是：利用规律或不规律的点和线等元素，形成底纹、团花、浮雕等版纹元素，在起到装饰美观效果的同时，又难以被仿制。从某种意义上来讲，从古时候的印章、签字画押，到虎符的铭文，以至于银票、交子，都可以称为早期的版纹防伪技术的应用。早期的版纹防伪主要是工匠手工绘制，利用个人工艺特色使得制作的版纹难以被仿制，可以说至今为止，成熟的工匠手工绘制版纹仍然是最为严密的防伪手段，但存在着效率较低的特点。随着计算机技术的进步，出现了一批可制作版纹的专业绘图软件，包括 Photoshop、Illustrator 等。相对于手工制作版纹，用专业绘图软件制作版纹不仅速度大大加快，而且总体制作效率、精细程度等更上一层楼。本书将要讨论的版纹，是用近年来兴起的专业版纹设计软件制作而成，其有着制作效率高、精细度高、难以仿制等优势，受到了领域内的欢迎。

1. 常见的防伪版纹

包括团花、底纹、浮雕、潜影等形式。

团花版纹是类似于花朵装饰的线条形式，基于鲜花的造型对线条疏密、粗细等参数进行处理，使之轮廓清晰、线条合理。（如图 1−7 所示）

图 1−7

底纹版纹通常是对线条进行反复变化，构成连绵的、规律的、富于变化的网络纹路。（如图1-8所示）

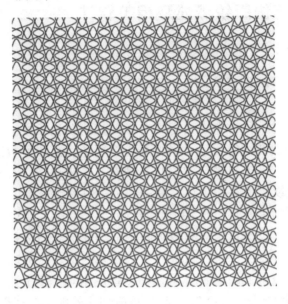

图1-8

浮雕版纹通常是指在底纹的基础上，结合背景图案，对线条进行合理修改，形成雕刻一般的凹凸效果。（如图1-9所示）

图1-9

潜影是指将图案和文字隐藏在版纹里的防伪技术。（如图 1-10 所示）

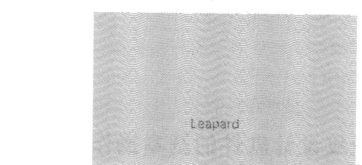

图 1-10

2. 其他的防伪版纹

包括版画、劈线、微缩文字等，其原理及制作方法将在本书后续相关章节介绍。

二、常用防伪版纹设计软件

目前，计算机设计版纹软件通常分为两大类。

第一类是普通的计算机综合设计软件，例如 Photoshop、Illustrator 等。这些软件虽然能满足包括防伪版纹设计的大多数设计需求，但存在着整体效率不高，防伪效果多样性有限等问题。

第二类是专业的版纹设计软件。近年来国外出现了一批专业的版纹设计软件，包括 Geoli、Jura 等，其对版纹设计有着专业性和全面性的覆盖，但整体价格较高，不利于在整个领域内推广，没有得到国内厂商的选择。国内也出现了一批专业的版纹设计软件，例如蒙泰版纹、方正超线等，其各有各的优势，但总体来说也存在着版本更新较慢，操作界面互动性不足的问题。

当前领域内企业普遍采用的，是近年来由北京德豹科技有限公司开发的德豹防伪版纹设计软件，其版本更新速度快，界面互动友好，设计过程可视化，产出效率高，防伪与美观性俱佳，为行业内大中企业所认可。为此，本书采用德豹防伪版纹设计软件作为版纹设计的工具，一方面让大家快速学习上手，另一方面也使得大家所使用的工具与行业内最新动态相匹配，方便后续与企业对接。

第二章
德豹防伪版纹设计软件的基本操作

　　本章以德豹防伪版纹设计软件为例，对防伪版纹的设计原理进行讲解。首先，了解德豹防伪版纹设计软件所需系统配置和安装方法；其次，认识德豹防伪版纹设计软件的初始配置参数以及主界面的构成；最后，初步认识德豹防伪版纹设计中参数的意义及重要性。

第一节 软件的偏好参数设置

软件安装完成后，桌面（或者 Launchpad 中）会有 "Leopard & Artline Security System" 软件图标，如图 2-1 所示。当前版本的软件在使用时需要插入密钥，待密钥红灯闪烁后，单击打开德豹防伪版纹设计软件。

图 2-1

打开软件后，首先进行整体偏好参数设置，单击桌面左上角的 "Artline Security System"，在其下拉菜单中选择 "偏好" 选项，如图 2-2 所示。

图 2-2

打开"偏好"参数设置面板后，可见其包括通用、颜色、页面尺寸、描边、输出五个类别的参数，如图2-3所示。这里我们首先只需对其中的通用、颜色和输出三类参数进行介绍和设置，其他类别的参数读者可在后续使用中自行调整。

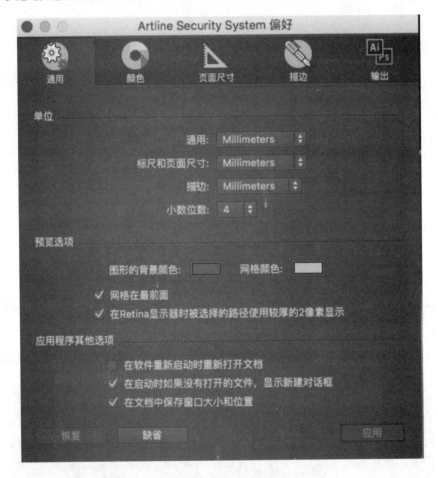

图2-3

（1）通用参数设置。

在通用参数设置中，我们重点对"通用""标尺和页面尺寸""描边"几个参数进行设置，如图2-4所示；这几个参数指的是版纹设计的标准尺寸单位，打开它们的下拉菜单，均有"Millimeters""Centimeters""Points""Inches"几个选项，这里，我们通常选用"Millimeters"，即mm（毫米）作为尺寸单位，当然，根据设计和生产的需要，读者也可自行选择单位尺寸。

图 2 - 4

（2）颜色参数设置。

在颜色参数设置中，我们可以增加导入自己拥有的各种色库，如 PANTONE 色库等。

（3）输出参数设置。

在输出参数设置中，出于前文中所述原因，通常矢量格式中我们选择 Adobe Illustrator 作为我们设计输出后打开的应用程序，便于后续操作，其余参数读者可根据情况自行设置，如图 2 - 5 所示。

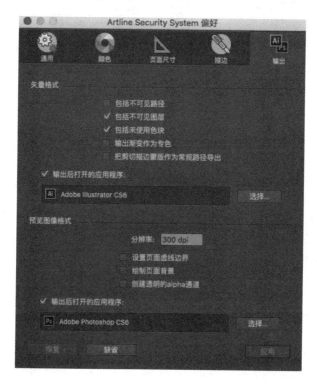

图 2 - 5

第二节　软件主界面构成

　　偏好参数设置完成后，在桌面左上角"文件"下拉菜单中单击"新建"选项，首先对页面大小进行设置，如图 2−6 所示。这里为了方便操作，我们设置宽度和高度均为 100 mm，点击确认后，进入软件的设计主界面，如图 2−7 所示。

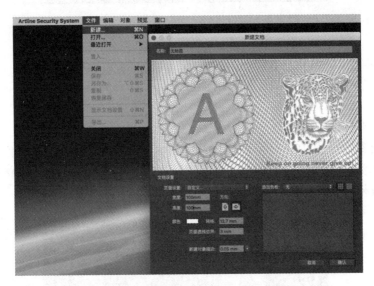

图 2−6

图 2−7

这里，我们任选一个防伪版纹的设计为例，来进行主界面和基本操作的讲解，如图 2 - 8 所示。

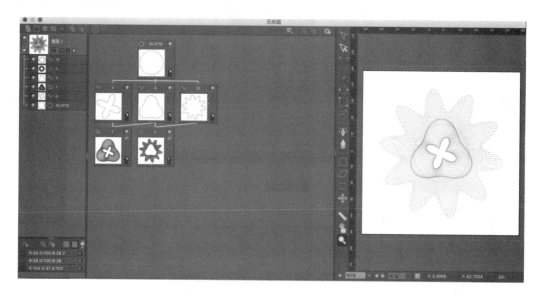

图 2 - 8

如图 2 - 8 所示为一个简单的团花版纹设计，我们可以看到，软件的主界面大致分成了左、中、右三个区域：主界面的左区是类似于 Photoshop 的图层区，它包含了我们版纹设计中的所有元素、部件，以及外部插入的图片和文字。这里，我们可以直接单击某一元素以选中，或者右键单击弹出下拉菜单，进行各种操作。左区下部存在一个小的区域，可以称之为调色区，如图 2 - 9 所示，当我们完成版纹元素的参数设计后，可以在调色区新建色块，选择 CMYK、RGB、专色等色彩模式调色，而后对版纹元素进行着色，常用的色块可以保留，无用的色块可以删除。

主界面的右区可以称之为效果展示区，如图 2 - 10 所示，这里可以直接看到当前设计的防伪版纹元素以及整体效果，同时右区与中区之间的工具栏亦可完成诸如放大、缩小、选中、钢笔工具等各种功能。

图 2 - 9

图 2 - 10

主界面的中间区域是版纹设计的主要区域，如新建基线、继承拓展、填充变化、参数调整等大部分的操作都在此区域里进行。针对入门新手，可采用结构化的思维方式去设计团花、底纹、浮雕等防伪版纹，这些防伪元素各个部分之间的结构关系也在中间区域得以体现，因此称中间区域为结构区也是可以的。

　　总结来说，主界面三个区域的作用可以归结为：在中区进行包括版纹结构化设计在内的大部分设计活动，并且所有设计元素和个体都会呈现在左区中，亦可在左区对其进行修改和补充，同时整体的防伪版纹设计效果将实时地呈现在右区当中。

第三节 设计参数的初步认识

版纹防伪是一种较低成本、效果极好的防伪印刷手段，其利用各种矢量元素构成一定规律的或是没有规律的图案和底纹来达到难以复制和难以扫描的防伪目的。这其中的矢量元素，或者说矢量曲线，从本质上均是数学曲线，是某种或者多种数学函数所构成的曲线，这些曲线经过复制、平移、旋转、位相变化等过程生成连续成片的底纹等防伪版纹元素，在这个过程中，数学函数曲线的基础参数又会参照某种规律（通常是另外某种数学函数）发生变化，从而使防伪版纹呈现出变化多样、难以寻找规律进而难以模仿的特性。

因此，参数的设置与调整对于防伪版纹设计有着决定性的影响。可以说，在不完全严谨和严格记录每一个设计参数值的情况下，即便是同一位设计者使用同款软件，也难以复制出完全相同的设计效果，一个参数值的不同都有可能会导致最终的结果南辕北辙，像是蝴蝶效应，这极大地提升了版纹防伪的性价比。

在使用德豹防伪版纹设计软件进行防伪设计的过程中，实际上就是在对参数进行不断地调整，以追求好的防伪效果与设计美感之间的最佳性价比。德豹防伪版纹设计软件的主界面中，在中区（即结构区）双击任一个防伪版纹元素或者部件，均可打开该元素或部件的参数调节窗口，即对象调节器，如图2-11所示，同时，选中的版纹元素或部件在右区中会标红，如图2-12所示。

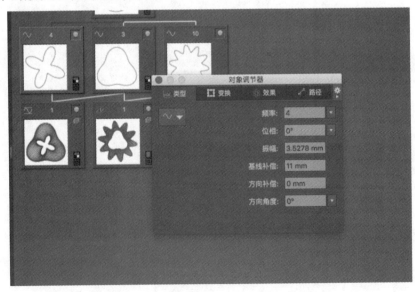

图2-11

图 2 - 12

对象调节器中，包括类型、变换、效果、路径四个选项卡，负责各类参数值的调节，以图 2 - 12 所示效果为例，当进行渐变形成成片版纹的复制操作时，我们观察参数微调对于结果的影响。图 2 - 12 的参数值如表 2 - 1 所示，然后我们对该参数进行调整，调整后参数如表 2 - 2 所示，得到如图 2 - 13 所示的效果。

表 2 - 1　简单团花原参数表

频率	位相	振幅/mm	基线补偿/mm	方向补偿/mm	方向角度
4	0°	3.5278	11	0	0°

表 2 - 2　简单团花调整后参数表

频率	位相	振幅/mm	基线补偿/mm	方向补偿/mm	方向角度
5	0°	3	7.5	0	0°

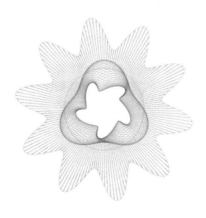

图 2 - 13

　　可见，参数虽只做了微调，但团花内层却得到了很大改变。因而，若不能事先得知参数值的调整情况，就很难推导出调整后效果的设计方法；而示例中的团花是最为简单的版纹设计，在后续内容呈现的较为复杂的版纹设计中，类似的参数调整将会对最终设计效果带来极大的改变。综上所述，参数值的调整与设定，可谓防伪版纹设计的重中之重。

第三章
团花的制作与结构化设计

　　本章将以防伪团花版纹的设计作为切入点，通过动手操作来学习防伪版纹设计的常见步骤、基本方法。首先，对团花的基本概念和常见的防伪应用进行简单介绍；其次，介绍防伪团花的结构化设计思路和版纹设计的基本步骤；最后，讲解防伪团花设计的基本方法，以及由于思想、思路或是参数的变化造成的团花设计效果变化的实例，丰富且难以揣测的进阶变化始终是防伪版纹设计的精华所在。

第一节　团花的基本概念及应用

　　团花版纹是防伪版纹中一种类似花朵的表现形式，一般呈现出多瓣、多层次特点，每层次之间填充形式不同、颜色各异的曲线条纹，最终在保证防伪功效的同时，提供一定的美观装饰效果。如烟、酒、化妆品等商品的外包装上的团花装饰；又如证书、奖状、护照、卡类证件、债券票据等印刷品上的团花或者团花的一部分的装饰。（如图3-1和图3-2所示）

图 3-1

图 3-2

第二节 结构化设计思想与版纹设计基础方法

在初次进行防伪版纹设计之前，我们需要先了解防伪版纹制作的基本方法和基本步骤，即结构化设计思想和层次化设计方法。

这里，我们就以一个简单的防伪团花版纹设计为例，来介绍结构化设计思想和层次化设计方法，如图 3－3 所示。

图 3－3

如图 3－3 所示是一个非常简单并且规整的团花元素，我们将其关键部分标上不同的颜色，如图 3－4 所示。

图 3－4

如图 3-4 所示的团花版纹被标注了三种颜色，即红色、灰黑色以及蓝色。这时，先用结构化的思想对其进行分析：这个团花版纹元素，是以内圈的"红色"封闭曲线为内边界，以外圈的"蓝色"封闭曲线为外边界，而后在内、外两个边界之间，"填充"上大量参数未知、变化多样的矢量函数曲线。这就是防伪版纹设计的结构化思想，即对版纹元素效果进行逆向结构分析，从而方便正向结构化地进行防伪版纹设计。

然后，看下结构化的设计思想在中区（即防伪版纹设计的操作区）的体现，如图 3-5 所示。

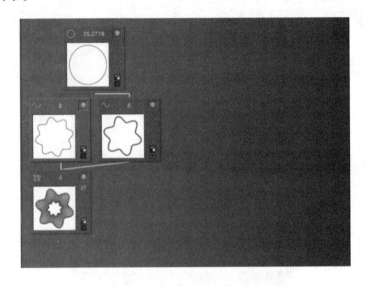

图 3-5

图 3-5 中是当前团花版纹所包含的所有设计元素，共有四个。四个元素自上而下分成三层排列，双击任意一个元素，都会打开该元素的参数调节窗口——对象调节器，同时如果选中并单击任意一个元素，则会发现在右区中该元素会以标红的方式显示出来。

这时，若依次去单击中区每一层的每一个元素，观察右区，会发现版纹的填充元素都放在了第三层，而所有作为边界的元素都在第二层，这便是我们所要引入的层次化设计方法，以完成防伪版纹的整体设计。这样，结构化设计思想和层次化设计方法以一种很规范的方式结合在一起。

当然，我们仍然要说明的是，层次化设计方法步骤与上文的结构化设计思想一样，并非一成不变的，这依旧是我们学习版纹防伪设计初级阶段所采用的方式，边界元素不一定必须放在第二层，填充版纹也不总是出现在第三层，甚至可以在第一层就开始填充，这些变化在后续的实例会一一展示给大家。

在上述例子中，第二层元素称之为边界线，第三层元素称之为填充线，而第一层元素称之为基线，如图 3－6 所示。在图 3－6 中，我们打开了第一层元素——基线的对象调节器。

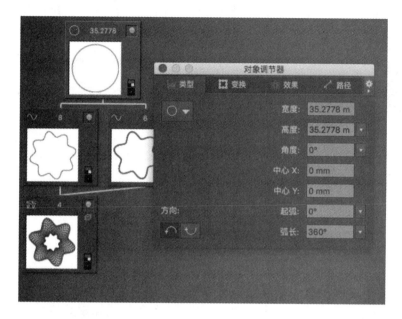

图 3－6

从该对象调节器的参数中我们可以看到，基线就是一个封闭圆形。从团花元素可见，不管是边界线元素（如图 3－7 所示），还是填充线元素（我们减少至 1 条，如图 3－8 所示），都是封闭曲线图形。这些封闭曲线都是由圆形附加函数并调节参数后改变而来的。也就是说，团花版纹的所有元素都是来自于圆形基线的变化，圆形便是所有元素的基础之线。同理，其他防伪版纹，例如底纹、浮雕等亦是如此，即所有元素都是由基线转化而来的。

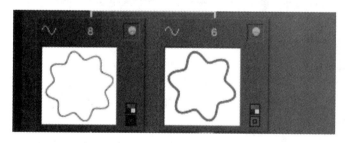

图 3－7   图 3－8

这样，我们在进行团花版纹设计的时候，便将圆形作为基线放在了第一层，而后第二层、第三层的元素都由基线变化而来。具体来说，下层元素是由上层元素变化而来的，其联系由上下层元素之间的连线表示，即继承关系。

上、下层元素之间有连线的，我们称之为二者之间存在继承关系，下层元素继承上层元素，这里我们选择存在继承关系的一对元素具体来看，如图3-9所示，第一层的基线元素，与第二层第一个元素，即团花内圈边界元素，二者存在继承关系，边界元素继承基线元素。

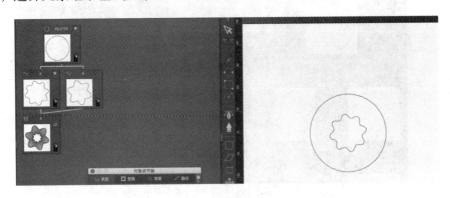

图 3-9

中区内每个元素的右上角都有类似黄色小灯泡的可选项，单击点亮后，则在右区中显示该版纹元素；单击熄灭后，右区则不显示该元素。这里我们仅点亮了基线元素和内圈边界元素，图3-9仅显示这两个元素，即外圈正圆为基线，内圈规律变化曲线为边界元素。

分别打开二者的对象调节器观察二者的参数，如图3-10和图3-11所示。所谓继承关系，即下层元素是由上层元素变化而来，因此我们打开第二层边界元素的对象调节器，调节其参数，将频率、振幅、基线补偿等所有参数值调至0（即未进行任何参数调整），则得到结果如图3-12所示，基线元素与继承它的边界元素变成了相同的正圆。

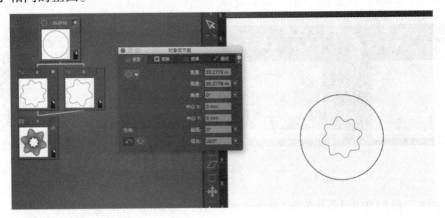

图 3-10

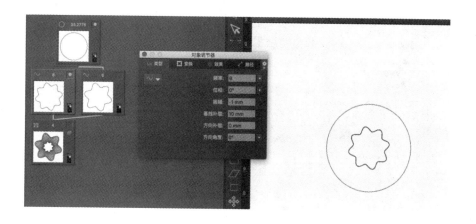

图 3 – 11

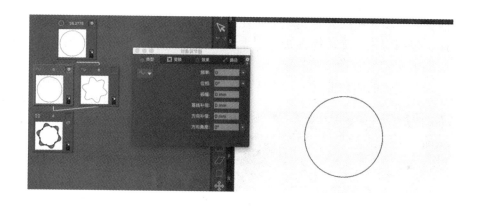

图 3 – 12

　　所有参数为0，我们可以理解为未对基线元素做任何调整，因此继承而来的边界元素便与其基线完全相同；而当我们对参数进行调整变化后，边界元素就在基线元素的基础上产生了各种各样的变化，参数越复杂，则变化效果越多样。综上所述，继承关系在中区通过上下两层元素之间的连线来表示，下层元素通过参数的改变，在上层元素的基础上产生多样的变化。这样，结构化设计思想和层次化设计方法步骤通过继承关系很清晰地表达出来。

　　我们观察图3–9中第二层元素可以发现，无论是内圈边界元素还是外圈边界元素，其对于上层基线的继承关系是非常明确的，通过两层之间的连线可以看出，第二层任意一个元素仅仅继承上一层的单一一个元素（同层之间元素没有继承关系）；但是我们观察第三层的元素，即我们团花版纹中的填充元素，就其与上层元素的继承连线而言（选中元素后其继承关系连线会显示为蓝色），该元素同时继承了第二层内、外边界两个元素，如图3–13所示。

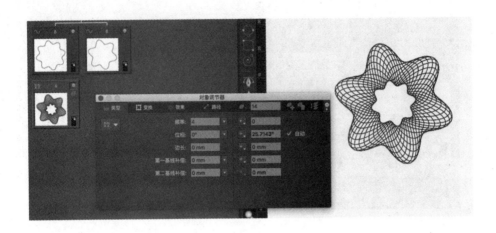

图 3 - 13

如前所述，填充版纹元素实际上是在某一函数曲线（1 条）的基础上，通过复制、位移、位相变化、旋转等方式得到大量成片的函数曲线来作为填充版纹元素。打开第三层填充元素的对象调节器，将其重复函数曲线数量参数减少至 1，观察其最原始、未经变化的函数曲线，如图 3 - 14 所示。

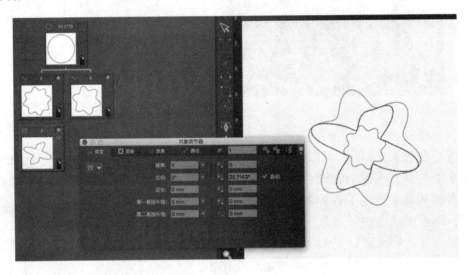

图 3 - 14

在图 3 - 14 中，右区标红的函数曲线（即中间那条曲线），其越靠近外圈边界，其形状与第二层外圈边界版纹元素越相似；同样的，曲线越靠近内圈边界，其形状也就与第二层内圈边界版纹元素越相似。如果我们加大第二层两个内外圈边界元素的频率参数，那么第三层曲线的这种现象就会更加明显。

可见，第三层元素同时拥有上层两个元素的继承关系是没有问题的，其曲线是同时基于上层两个元素变化而来的，其继承的表现随着位置的变化而变化。

　　这种双重继承的方式实际上是深度契合我们的机构化分层设计思想方法的，即在两个边界元素之间进行版纹曲线的成片填充。如第三层填充元素继承于上层的两个边界元素，无论我们对其填充元素的函数曲线进行多少次变化，如图 3－15 所示，其成片的函数填充曲线总是位于两个边界元素之间（后续进阶的学习中可能会出现超出边界的情况，但是总体是以二者作为边界基准来变化）。

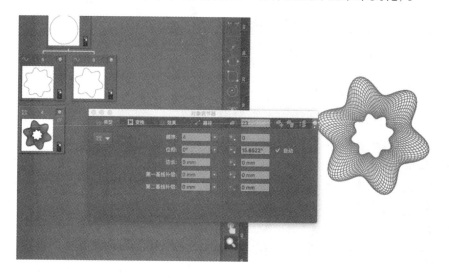

图 3－15

　　至此，在初步确定整体的设计效果的情况下，防伪版纹设计的基础步骤可以总结如下：

　　①分析需要的版纹元素整体效果，设置合适的基线（基线的种类多样，将在后续章节中介绍），放在第一层。

　　②由基线发展变化（即向下继承）出需要的边界，放在第二层。

　　③由二层两个（或多个，可能有未知效果）边界向下继承出填充元素，放在第三层，对其进行各种变化，完成版纹整体设计。

　　这种基础步骤非常适合版纹初学者，同时，其蕴含的结构化、层次化和继承思想又可以作为反向分析其他作品的方法，以提高自己的设计经验。

　　如图 3－16 所示，这是一个较为复杂的团花防伪版纹设计，单从其效果来看，相对上文我们一直拿来作为示例的简单团花，其版纹线条的复杂程度提高了很多，进而也具有较高的防伪性能。实际上类似的设计是可以应用在实际产品上的。

图 3 – 16

如图 3 – 17 所示，观察其中区结构图，由于团花版纹的复杂程度提高了不少，相应的中区结构元素数量也增加很多，但其层次仍然遵循我们的层次化思想，没有混乱。在图 3 – 17 中显然第一层是团花基线，第二层是边界元素且数量较多，第三层为由内而外每两个边界元素之间的版纹填充元素。可见，整个中区结构层次清晰、继承关系明确，其整体设计思想验证了防伪版纹设计的基础思想和方法步骤。现在，我们将这些方法扩展到团花之外的版纹设计中，分析其结构和设计方法。

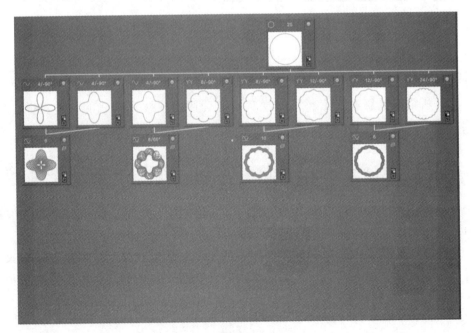

图 3 – 17

如图 3 – 18 所示为一简单底纹的防伪版纹设计，观察其右区，底纹的展示图中同样被我们标为三种颜色：较粗的紫色线作为上边界、红色线作为下边界，两个边界之间是黑色的填充线。而后在中区结构区我们可以看到，第一层基线为直线，第二层为两条边界线，第三层为两条边界线之间的版纹填充。整个设计结构层次清晰、继承关系明确，即底纹的基础结构设计思想亦是：设置上下两条边界线，而后在两条边界线之间填充。可见，我们的结构化和层次化的设计方法依然适用。

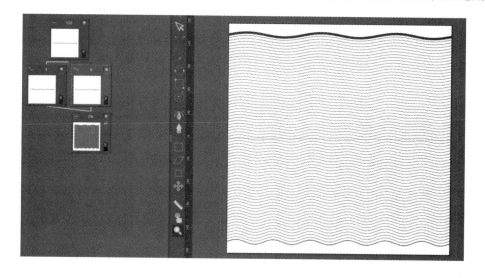

图 3 – 18

第三节 防伪团花的设计制作

团花版纹是一圈圈经过参数变化的封闭函数曲线，而后在这些曲线边界之间进行版纹曲线的填充。

这里，我们尝试制作一个具有五层结构的防伪团花设计。打开软件，新建一个文档，如图 3-19 所示，这里文档尺寸大小选择了高和宽均为 100 mm，根据实际需要可以自行设置。

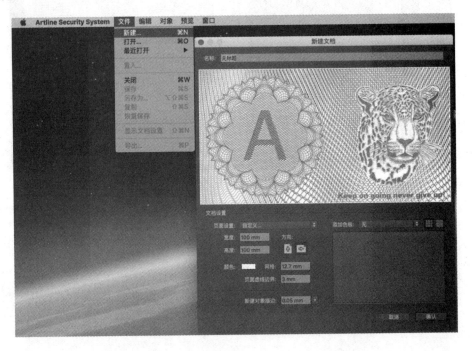

图 3-19

新文档建好后，在主界面中区开始我们的团花版纹设计。首先，我们新建一条基线，"新建基线"的按钮位于工具栏内，中区正上方，如图 3-20 所示。

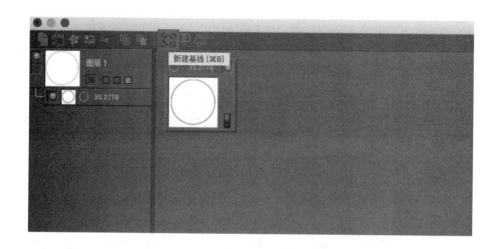

图 3 – 20

　　点击"新建基线"的按钮后，中区结构区第一层出现了基线元素框，同时右区也出现了基线的显示效果，双击该元素框，打开其"对象调节器"，如图 3 – 21 所示。

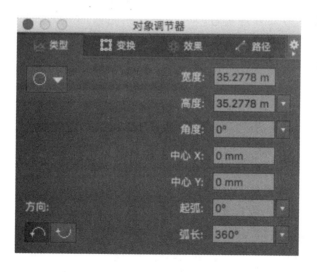

图 3 – 21

　　打开"对象调节器"后，有四个选项卡——"类型""变换""效果""路径"。
　　在选项卡"类型"二字正下方，是基线的类型菜单，如图 3 – 22 所示，打开类型菜单的下拉菜单（旁边的小三角按钮），可选的基线类型包括椭圆、线、矩形、螺旋以及路径，在不同种类的版纹设计中满足不同的需求。

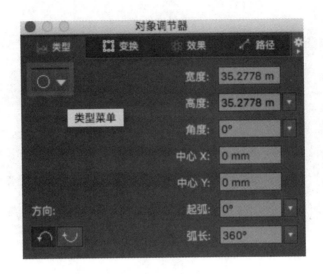

图 3 – 22

由于团花版纹的基线若是正圆则后面继承变化较为方便，所以在类型菜单这里我们选择"椭圆"。"类型"选项卡的其他参数主要用来设置当前类型基线的大小和形状，可以一边调节各参数值，一边观察右区的效果表现。"宽度"和"高度"参数用来设置椭圆的大小，二者相等，椭圆即为正圆。打开"高度"选项卡右侧小三角的下拉菜单，不选择等宽而选择其他，则可使基线的高度、宽度不相等，基线为椭圆。因为图 3 – 22 当前基线是正圆，所以"角度"参数值无论怎么设置效果均相同。"中心 X"和"中心 Y"参数主要用来设置基线正圆圆心的位置。而当调节"起弧"和"弧长"参数值时，我们会发现正圆基线变成了其内的一段弧长，这样有时会带来意想不到的变化。

这里我们要制作标准团花，"高度"和"宽度"设置为 10 mm，便于后续操作，其余参数全部使用默认值，不做任何改变。制作好基线后，进行第二层边界结构版纹元素的制作，由于我们制作的是一个五层结构的团花设计，所以需要制作五个边界版纹元素。选中该边界元素所对应的基线，被选中的版纹元素框的颜色会发生改变。选中基线后，点击"新建基线"按钮右边的"新建元素"按钮，则中区会在基线之下继承生成一个第二层的边界版纹元素。整个过程如图 3 – 23和图 3 – 24 所示。

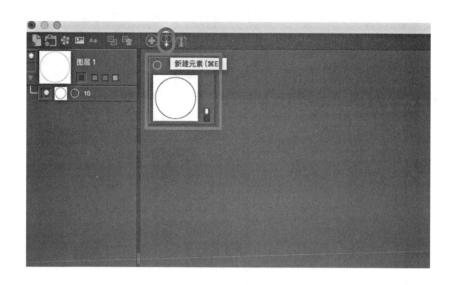

图 3 – 23

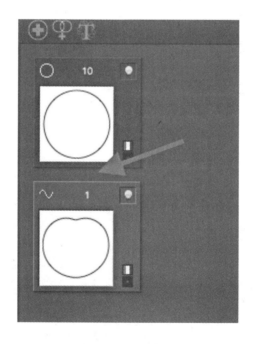

图 3 – 24

　　如图 3 – 24 所示，第二层的结构版纹元素与第一层的基线元素存在上下单线联系，说明该边界元素生成成功。接着打开该边界元素的"对象调节器"观察其参数功能，如图 3 – 25 所示。（这里也可以再次观察到选中的元素框与没有选中的元素框之间的颜色差异）

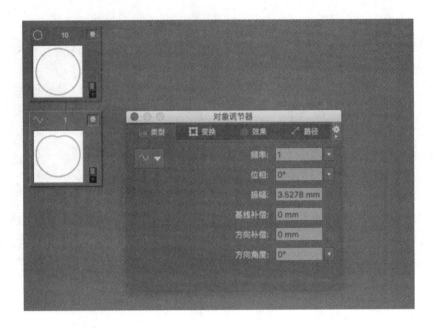

图 3 – 25

　　边界元素的对象调节器同样包括"类型""变换""效果""路径"四个选项卡，这里以"类型"选项卡里的参数调整为例：如图 3 – 26 所示，打开"类型"选项卡下拉菜单，有很多种曲线类型可供选择，不同的曲线类型对应的参数种类也略有不同，多样的曲线类型提高了设计的可行性。这里，只需选择满足自己设计需要的曲线类型即可。为了便于设计，参数类型我们选择"Sine Wave"。

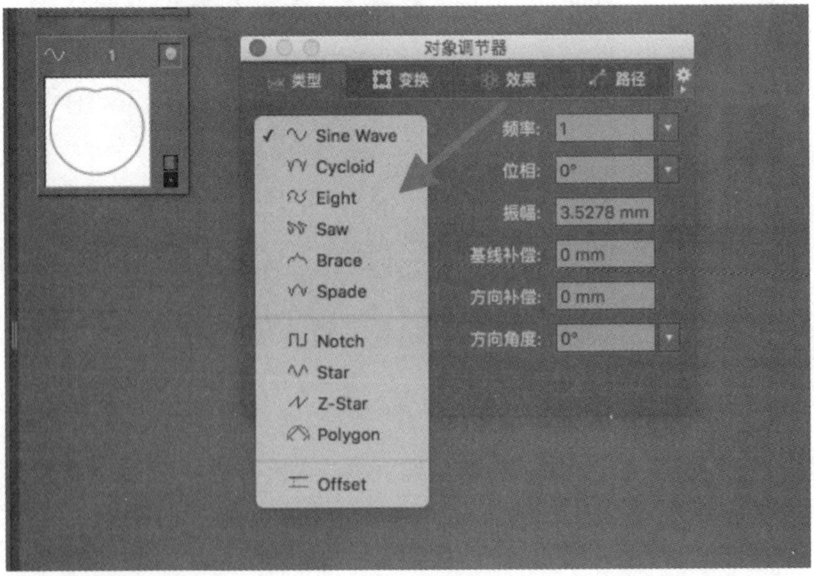

图 3 – 26

接着，将光标移动到某一个参数框内后，可通过键盘的"↑""↓"两方向键对参数值进行快速调整。其中"频率"参数主要控制曲线整体起伏，或者说波峰、波谷的数量，当其值为0时，曲线为正圆，而随着其值增大，波峰、波谷数量变多。"位相"参数的调整将以圆心为中心旋转当前曲线。"振幅"参数用来控制曲线波峰、波谷之间的距离，其值越大，则波峰、波谷的距离就越大，其曲线的起伏也就表现得越大。当前的边界版纹是基于基线的大小生成的，"基线补偿"参数用来调整当前整体曲线的大小，其值越大，则整体曲线就越大。"方向补偿"和"方向角度"这两个参数是用来控制曲线起伏的多样化表现，调节这两个参数可以发现，曲线的起伏（波峰和波谷）不再类似三角函数曲线般呈现出"正直的向上或向下"，变得可以朝向顺时针或者逆时针倾斜。

我们当前设计的是团花的内层边界，故参数设置如图3-27所示，其边界版纹曲线的制作方法与前同。

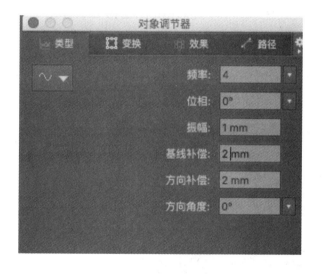

图 3-27

五层团花版纹需要制作五条边界版纹曲线（如图3-28所示），这五条曲线表现为自内而外排列，形成团花的结构层次，其效果如图3-29所示。

（注：这里要特别注意，每次生成第二层边界曲线时，一定要选中第一层的基线元素框后再点击"新建元素"按钮，第二层的元素继承于第一层基线；如若选中的是第二层第一个边界元素框后进行"新建元素"，则生成的新元素将会出现在第三层，不符合我们的结构化设计思想方法。）

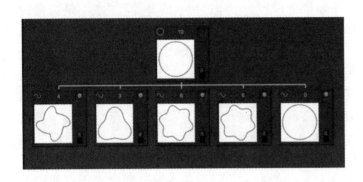

图 3 - 28   图 3 - 29

在图 3 - 29 中，版纹填充元素应该出现在第三层，继承于第二层的两个需要在其间进行版纹填充的边界元素。首先是选中第二层第一个边界元素框（即团花最内层边界）；其次是按住"Shift"键选中第二层第二个边界元素框（即团花次内层边界）；接着点击"新建元素"按钮，则在第三层出现了第一个版纹填充元素框（如图 3 - 30 所示），观察其继承联系，若其同时继承于第二层第一个和第二个边界元素，则说明我们的填充元素生成正确；最后观察右区，在最内层和次内层边界之间，已经出现了一条新的填充曲线，如图 3 - 31 所示。

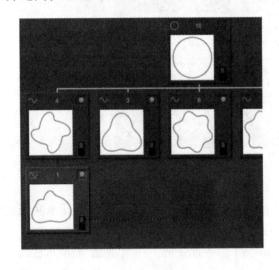

图 3 - 30   图 3 - 31

从图 3 - 31 中可知，版纹的填充本质上是对原始曲线的大量复制，并在复制的过程中对曲线加以位移、旋转、频率变化等操作，从而形成大量曲线。打开该填充版纹曲线的"对象调节器"，点击"路径"选项卡右侧的向右方向的小三角按钮，选择"添加步骤 & 重复设置"选项（如图 3 - 32 所示），得到版纹复制填充设置的"对象调节器"，如图 3 - 33 所示。

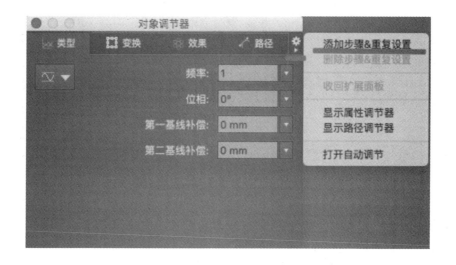

图 3 - 32

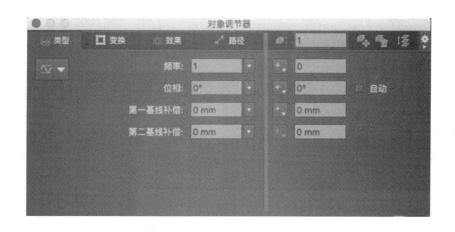

图 3 - 33

从图 3 - 33 中可见，相比原来的对象调节器多出了红线右侧的一部分，每个参数在红线的左右两侧各有一个参数值的调节框。

例如，在当前的"对象调节器"中，"类型"选项卡下选择"Brace"，在右侧勾选"自动"选项，则曲线稍后将会按照设定的参数自动地进行复制、旋转等操作；"频率""位相""边长"等参数可根据曲线需要做调整；然后，对当前曲线进行复制渐变操作以生成成片的版纹曲线。在"路径"选项卡右侧的"混合线数"参数框中，既可使用键盘方向"↑"键增加当前曲线的线数，也可直接在参数框中输入需要的数量，这里我们设置"混合线数"为 50，直到右区设计达到自己想要的结果。（如图 3 - 34 所示）

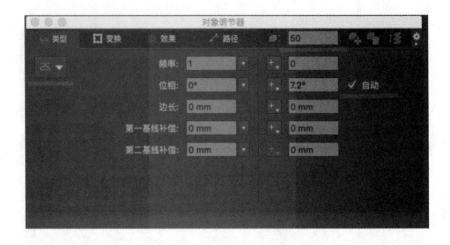

图 3 - 34

　　在完成了最内层边界与次内层边界之间的版纹填充后，右区呈现如图 3 - 35 所示的版纹，该版纹默认为黑色，我们可以给其上色。既可双击当前版纹元素框右下角的彩色方框"描边颜色"（如图 3 - 36 所示），打开"颜色混合器"，如图 3 - 37 所示；也可在界面上方的"窗口"菜单下的调节器选项中打开"颜色混合器"。

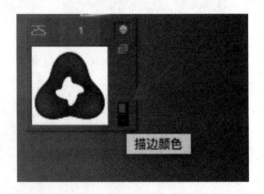

图 3 - 35　　　　　　　　　　　　　　　　　图 3 - 36

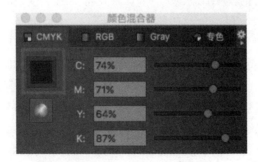

图 3 - 37

在"颜色混合器"界面中，有"CMYK""RGB""Gray""专色"几种色彩模式，既可以直接拖动各色彩模式右侧的滑块进行颜色设置，也可打开左下角的"系统颜色选择器"进行具体的色彩设置。当前调出的颜色将会显示在左侧方框内，如图3-37红框内所示，颜色调节完成后，直接将红框内颜色按住鼠标不放，拖进中区当前需要上色的版纹元素框内即可；选中的版纹元素框在右区内会有红色标注，这时只需要点击中区的空白处，就会在右区内看到我们刚刚完成的，已经上色的版纹设计效果。

此外，如果我们想保留当前调出的颜色，只需将红框内色块拖入左区下方的"色彩调节区"即可，如图3-38所示。"色彩调节区"同样有"新建色块""复制色块"等操作，供大家进行色彩调节。

图 3-38

我们可以按照上述的方法在边界之间完成版纹填充，设计结构如图 3 - 39 所示，填充元素的参数可根据喜好进行调整，最终效果如图 3 - 40 所示。

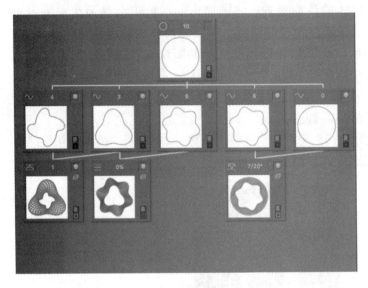

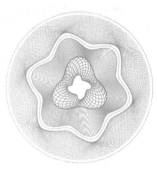

图 3 - 39   图 3 - 40

这里补充说明三点：

（1）如图 3 - 39 所示，第二层第三边界与第四边界之间并没有进行版纹填充，实际上两个边界是同样形状但大小略有不同的边界元素，不进行版纹填充在二者之间留白，可以增加设计的美观度。

（2）打开任意一个版纹填充元素的"对象调节器"，调节"第一基线补偿"参数值，我们可以看到填充的版纹不仅仅是以边界元素为界限，还可以超出该边界或者缩小得离边界更远，这说明了版纹的填充是可以超出边界的，但总体是以该边界为基准。

（3）不仅仅是相邻的边界之间可以完成版纹填充，不相邻的边界元素之间同样可以进行相关操作；两条边界之间进行一次版纹填充后，仍然可以进行第二次版纹填充。多样的操作可以带来多样的结果，以求防伪与美观最佳性价比。

附：基础团花制作微课（以独创性团花设计为例）及其简要说明。

基础团花制作微课二维码

基础团花制作简要说明。

第一，我们知道，基线是整个结构层次设计的基础，即便是已经完成的设计，小小一个参数的改变甚至会直接改动整个设计的效果，如打开图3-40，在其基线的"对象调节器"内，将基线的类型由"椭圆"换成"矩形"，得到如图3-41所示的设计。

图3-41

接着，将第二层最后一个边界元素的"对象调节器"的曲线类型换为"Brace"，同时频率设为"6"，边长为"3 mm"，基线补偿为"-29 mm"，调整第三层相应的版纹填充元素，则会得到如图3-42所示的设计效果。

图3-42

第二，如图3-43所示的团花设计效果，其团花设计结构简单，不像图3-42中版纹填充仅仅是一种颜色，其版纹填充曲线是多种颜色，但实际其实现方式非常简单，其结构设计如图3-44所示。可以看到，其仅有两层边界结构，两层边界之间同时进行了四次版纹填充，每个版纹元素填充上不同颜色，同时每个版纹元素的"对象调节器"中初始"位相"参数均不相同，使得版纹曲线互相不覆盖，因此总体的版纹填充就呈现出三种不同的色彩。

图 3-43

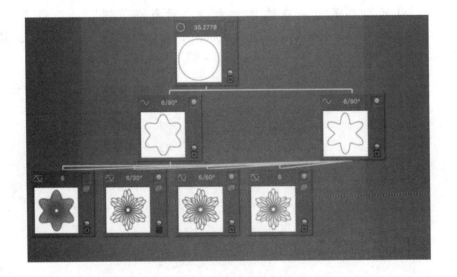

图 3-44

第四章
底纹的设计与渐变参数控制

　　上一章中，我们初步接触了防伪版纹的设计，掌握了结构化设计思想和层次化设计流程步骤，掌握了继承、基线、边界、填充等设计概念，对版纹参数控制有了基本的学习。在章节最后，用一例基础团花版纹的设计实践了我们习得的内容，并通过参数的变化对版纹进行了独创性的设计。

　　本章我们将已经习得的设计思想理念带入底纹版纹当中去，对防伪底纹版纹进行设计学习。同时对于渐变参数，即上一章"对象调节器"中打开"添加步骤&重复设置"后，新出现的右侧函数，其控制意义和影响进行学习。在本章的最后，将会给大家展示在渐变参数的影响下，基础的团花和底纹将会展示出的更加丰富与奇妙的效果，甚至于将打破我们结构化和层次化的设计理念，希望大家认真体会。

第一节 底纹的基本概念及应用

底纹是防伪版纹中最为常见的一种表现形式，总的来说，其是线和点进行一系列变化，形成连续成片的、规律或不规律的网格纹路。底纹可以作为即用的装饰元素应用于产品包装或印刷品表面，也可以采用线条较细、颜色较浅的设计作为其他图案或文字的底部衬托，同时，以底纹为基础又可以进行浮雕、版画、潜影等其他版纹设计。可以说，底纹是防伪版纹的基础形式。

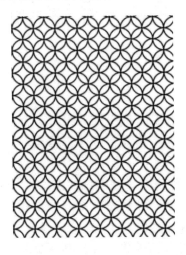

图 4 - 1

图 4 - 2

第二节　底纹的设计

　　用结构化的设计理念分析基础底纹，就团花而言，基础底纹的层次更加清晰和简单，即在设计界面的上下两侧（或左右两侧）设置两条边界版纹曲线，而后在这两条边界元素之间进行版纹元素的填充即可。

　　打开软件，新建一个文档，长和宽设置为 100 mm。现在我们在主界面开始基础底纹版纹的设计。

　　先新建一条基线，根据我们对于底纹常见线形的认识，底纹的基础线形不再是封闭的曲线，可以认为是一些函数以及变化的参数附加到一条直线上变化得到的成片曲线。因此，基线的类型应该为一条直线。那么我们需要打开刚才新建的基线的"对象调节器"，将其基线类型由"椭圆"换成"线"，如图 4-3 所示。为了使最后的底纹充满我们文档的所有界面，在基线的"对象调节器"中将长度参数设置为 100 mm，与新建文档的长度参数同，那么在右区中我们看到，基线此时是从文档的最左端延伸到最右端，如图 4-4 所示。

图 4-3　　　　　　　　　　　　　　　　　　　图 4-4

　　基线制作完成后，我们来制作底纹的边界线。选中基线元素，点击"新建元素"按钮生成第二层第一个边界版纹元素，二者存在继承关系且之间有继承连线，则边界元素生成成功。

　　此时，刚生成的边界元素长度与基线完全一致，当打开对象调节器后，将其频率参数由 1（如图 4-5 所示）调整到 0 后，其起伏消失，也就完全同基线形状一致了。同时，需要将该边界曲线放在文档的最上面，由于我们文档的高度是 100 mm，曲线在当前文档的中间，则只需将"基线补偿"设为 45 mm 左右，则曲线就位移到了我们想要的位置（设为 50 mm 则由于曲线的起伏，将会超出文档，大家按照需求调节参数）。

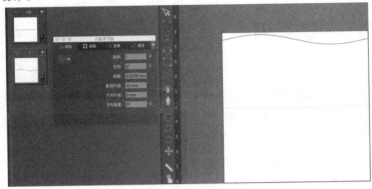

图 4 – 5

对象调节器中的相关参数，"频率"参数控制了当前的边界曲线，其可以近似看作是一条三角函数曲线，从文档的页面截取了其中一段长度为 100 mm 的内容；"位相"参数的调节，可以看作这 100 mm 曲线在三角函数上截取位置的变化；"振幅"参数主要控制曲线波峰波谷之差；"方向补偿"和"方向角度"两个参数可以通过键盘的"↑""↓"进行调整。

制作位于文档页面底部的边界版纹曲线，既可先选中基线后生成第二层继承版纹元素，修改参数后成为我们想要的曲线，也可以通过右键单击第二层第一个版纹元素框，在弹出菜单中选择"复制元素"选项，来生成新的边界曲线，如图 4 – 6 所示。

图 4 – 6

同时，在右区中呈现当前新生成的曲线与上文中的边界曲线完全重合。打开新生成曲线的"对象调节器"，将"基线补偿"参数由 45 mm 调为 -45 mm，则曲线位移到了文档页面的下部，如图 4-7 所示。为了方便后续一系列的观察学习，我们将"频率"参数由 1 调为 6，两条边界曲线加以区分。

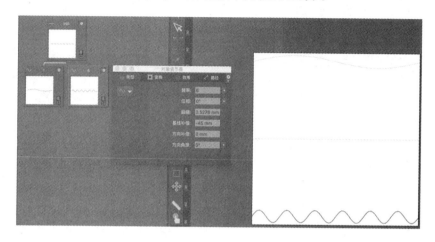

图 4-7

边界版纹曲线均制作完成后，制作第三层的版纹填充元素。按住"Shift"键同时选中第二层的两个边界版纹元素，点击"生成元素"按钮，在第三层生成了版纹填充元素，在右区生成的曲线如图 4-8 所示。该曲线越靠近文档上部边界曲线，其频率起伏越舒缓（频率为 1），相反越靠近页面下部边界曲线，则频率起伏越大（频率为 6），而在文档中部的曲线部分我们可以认为是过渡区，从频率为 1 过渡到频率为 6。

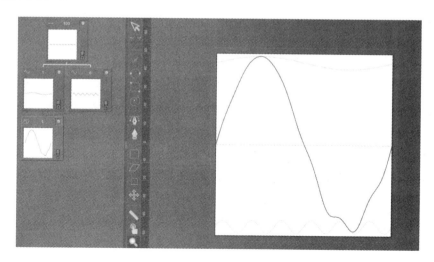

图 4-8

接着对该曲线进行复制变化以生成成片填充版纹曲线。打开第三层填充版纹曲线的"对象调节器",打开"路径"选项卡右侧向右小三角按钮的下拉菜单,选择"添加步骤&重复设置"选项,当前"对象调节器"多出右部参数(如图4-9所示)。

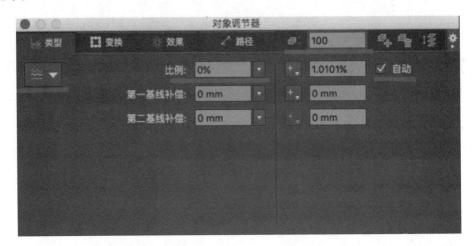

图4-9

在图4-9的"对象调节器"中,"类型"选项卡下方曲线类型中选择"混合"曲线,该线形可以在后续生成成片版纹后线线之间不相交;接着勾选"对象调节器"右部"自动"选框,系统将自动计算渐变参数,从而复制渐变当前曲线;然后把"比例"参数调整为0,以配合渐变参数使得成片版纹完全落在上线边界曲线之间,当然也可以在制作好填充版纹后再来调节这个参数以观察效果。

现在我们来对当前曲线进行复制变换操作,先找到现在的"对象调节器"中"路径"选项卡右侧的"混合线数"参数框,没有调节前框内参数值应为1(图4-9中为调节后的值100),将光标移动到参数框内,利用键盘"↑"键增加混合线数或是直接输入想要混合的线条数量,观察右区,达到自己想要的效果为止。

上文设置了文档页面大小为100 mm,这里我们设置了混合线数为100,且上下两边界曲线位置已知,通过计算得到版纹线线间距约1 mm。如图4-10所示,为我们最终制作的基础底纹版纹效果。

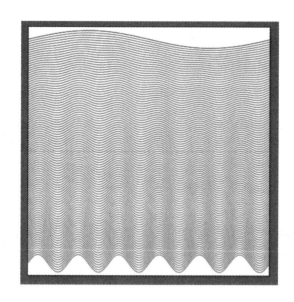

图 4 - 10

　　这种线线不相交的基础版纹底纹是后续制作浮雕、版画等设计的理想底纹，当然大家也可以改变线形，改变参数，制作出自己独特的防伪底纹。

　　附：基础底纹制作微课。

基础底纹制作微课二维码

第三节 渐变参数控制

本节以图4–10的基础底纹版纹设计为例，来对渐变参数进行介绍。

所谓渐变参数，是相对于存在于基础的对象调节器内的基础参数而言的，如打开"添加步骤＆重复设置"后，在原来的对象调节器右侧出现新的参数值框，如图4–11的方框部分所示。

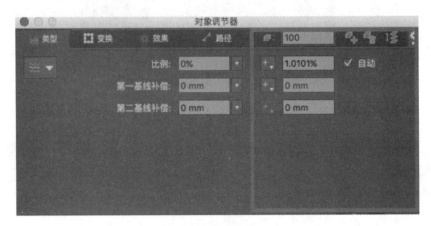

图4–11

需要说明的是：首先，每个选项卡均有其渐变参数，如图4–11中显示的是"类型"选项卡内的渐变参数，图4–12所示为"路径"选项卡内的渐变参数。

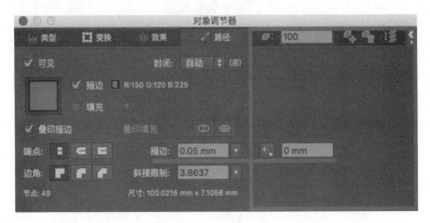

图4–12

其次，如图 4 – 12 所示，直线所标示的两个参数值框，本质上都是"描边"参数的值，区别在于我们暂且认为左侧参数值框是"描边"参数的整体参数值，而右侧参数值框是渐变参数值。

显然，在"类型"选项卡中，整体参数就是我们目前为止一直使用的基础参数，通过调节其值得到简单的团花和底纹版纹设计。对于渐变参数与整体参数的区别，我们以"描边"参数为例进行分析。

"路径"选项卡的"描边"参数控制的是当前曲线的粗细，即在基线以及边界曲线中，若仅有一条曲线，那么"描边"控制的是单条曲线的粗细；而在填充版纹元素中，如图 4 – 10 中包含有 100 条曲线，那么"描边"参数控制的是当前这100 条曲线总体的粗细。

现在，以图 4 – 10 为例对"描边"参数进行调节，如将填充版纹的"混合"由 100 调为 50，其"描边"参数的整体参数值，如图 4 – 12 所示，将其当前值0.05 mm 调为 1 mm。调整后的效果如图 4 – 13 所示。

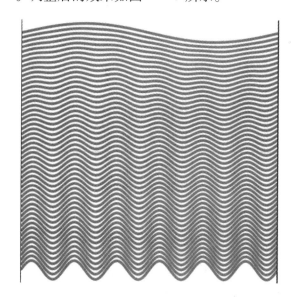

图 4 – 13

将图 4 – 13 与图 4 – 10 对比来看，虽然曲线数量减少了，但是相对于之前的设计，每条曲线描边后都粗了很多。这就是所谓的整体参数的意义，即对于当前元素中所有曲线的某一参数整体进行了调整，以至于当前元素中所有曲线的某一性质发生了整体的变化。

至于渐变参数，为了观察方便，首先将"描边"参数的整体参数值由 1 mm 重新调回 0.05 mm；然后将"描边"右侧的渐变参数由 0 mm 设为 0.02 mm，其效果如图4 – 14所示。

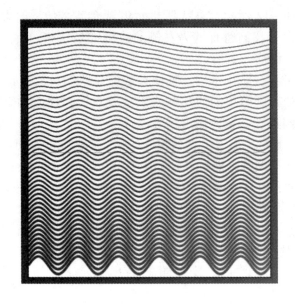

图 4 – 14

粗细变化底纹的制作过程可以扫描下方二维码观看微课。

粗细变化底纹制作二维码

我们可以看到以下现象：整个填充版纹元素的曲线粗细是由上往下出现"渐变"加粗的效果。因而我们可以将当前调节的参数称为渐变参数。同时，这种在同一版纹中出现曲线的粗细变化的情况，不仅美观，而且极大地增强了防伪性能，难以模仿。那么我们下面来分析其成因。

仍然回到我们设计的本质，每一条曲线都是一条数学函数曲线，填充元素的本质，在图 4 -9 中，即将原本一条的函数曲线，复制成 100 条函数曲线，完成填充的过程。那么在这个复制的过程中，前文提到，整体参数对所有这 100 条曲线进行控制；渐变参数，是对复制过程中的每条曲线分别渐进地进行参数变化。具体来说，如图 4 -14 所示，描边的整体参数为 0.05 mm，渐变参数为 0.02 mm，即是第一条曲线粗细为 0.05 mm，每复制出一条其粗细在上一条基础上加上 0.02 mm，则复制出来的第二条为 "0.05 mm + 0.02 mm = 0.07 mm"，第三条为 "0.07 mm +

0.02 mm = 0.09 mm", 以此类推, 直到复制出 50 条曲线, 完成我们需要的填充。当然, 第 50 条曲线的粗细也是可以计算的, 即"0.05 mm + 0.02 mm × 49"。这样, 表现在图 4 – 14 中, 填充曲线出现了渐变加粗的现象 (每条增加 0.02 mm)。

　　通过这个例子我们可以看到, 整体参数控制了当前元素包含的所有曲线的整体性状表现 (在图 4 – 10 的例子中是对 100 条曲线的粗细整体加粗且程度相同, 无一例外); 而渐变参数则是当前元素中, 每复制一条曲线即对其进行单独的参数性状调节 (同理, 在图 4 – 14 的例子中是 50 条曲线每一条都比上一条粗 0.02 mm), 使得元素中的曲线呈现出某种渐变趋势的效果。

　　通过渐变参数的使用, 极大地丰富了防伪版纹设计的样式, 同时, 设计思想上也可以不完全遵循层次化和结构化的理念。在下一节, 我们将通过几个简单的设计案例对渐变参数在防伪版纹设计中的应用进行展示。

第四节　渐变参数下的底纹和团花设计进阶

本节学习渐变参数在设计中的初步使用。

1．渐变参数制作底纹

以简单基础底纹的设计为例，新建直线基线并继承生成右区底部的一条边界曲线（如图4－15所示），来认识如何使用渐变参数突破层次化和结构化的基础设计理念。

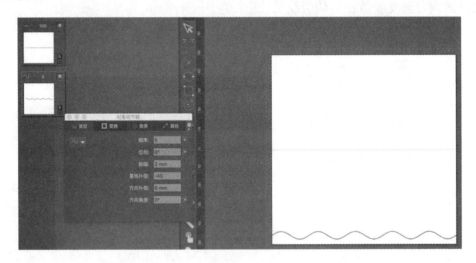

图4－15

我们既可以按照基础的层次化和结构化设计理念，继续生成右区界面上部的边界曲线，然后在中区第三层完成上下曲线之间的填充；也可以利用渐变参数来实现这个目标，从而形成一种新的设计理念。如图4－15所示，打开第二层边界元素（右区底部边界曲线）的"对象调节器"，在此边界曲线上直接打开"添加步骤＆重复设置"，如图4－16所示。

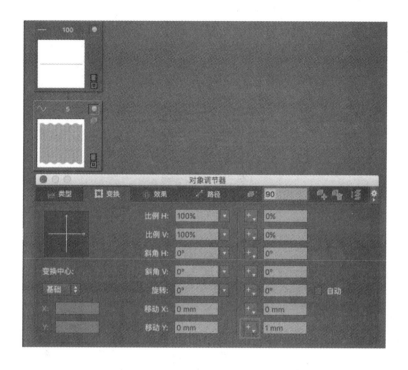

图 4 - 16

根据原本填充元素复制变化的形成理念，我们现在需要使得底部边界曲线复制并且每条复制出来的曲线都发生位置上的变化，这里指曲线在 y 轴上逐渐上移。因此，在图 4 - 16 的"对象调节器"中选择"变换"选项卡，底部"移动 Y"的渐变参数设置为 1 mm，意为每复制得到的一条曲线位置上移 1 mm；而后页面大小 100 mm × 100 mm，则设置混合线数为 90，最上一条曲线共上移了 1 × 90 mm，基本位于界面顶端，得到最终如图 4 - 17 所示的版纹效果。

图 4 - 17

可见，利用渐变参数的设计理念，也达到了最终所需的版纹效果，虽然这个过程中只利用了一个"移动Y"的渐变参数。

附：渐变参数制作底纹微课。

渐变参数制作底纹微课二维码

同理，可以使用渐变参数的远不止这一个参数，大家可以对"对象调节器"中四个选项卡的每一个渐变参数进行调节，观察效果。例如：

（1）调节上文例子中"路径"选项卡里的描边渐变参数观察效果。

（2）调节"类型"选项卡中频率渐变参数观察效果。

由于混合线数（即复制出的填充版纹条数）往往上百，渐变参数值往往设置较小，避免后期复制出的曲线出现累加参数值过大导致版纹效果失控的现象。

此处需要补充说明下渐变参数值域的进阶内容，如：打开图4-16中渐变参数左边方框圈起的下拉三角，会发现渐变参数值的形式远不止一种。既可以选择像例子中使用的恒量，即每复制一条曲线位置都上移一个恒值，也可以选择值类型为线性（a+bi）的变量，即随着复制线数i的增加，a+bi的值也就越来越大，其版纹曲线上移的距离也将越来越大，还可以选择渐变参数值为三角函数 asin（bi+c）的变量，此时其位置上移量就变为了在最大值为a和最小值为-a（即位置出现下移）之间不断变化的情况。

可见，丰富的渐变参数值域形式使得设计效果的样式更加多变，大大地增强了防伪效果。接着，在第二层边界元素中打开"添加步骤&重复设置"，并以下述的两个例子说明在基线层开启渐变参数的版纹设计。

例1：新建一条基线，在"类型"选项卡中选择基线类型为螺旋线，如图4-18所示。

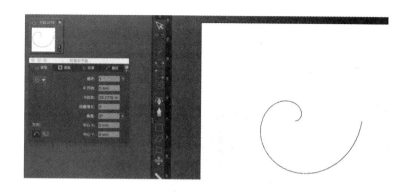

图 4 - 18

在当前基线元素的"对象调节器"中打开"添加步骤 & 重复设置"，在"变换"选项卡中设置"旋转"渐变参数为 5°，逐渐增加混合线数，或直接设置其为 72，则得到如图 4 - 19 所示的版纹效果。

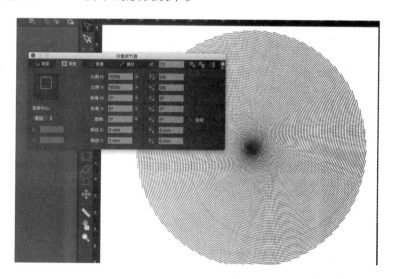

图 4 - 19

附：螺旋线版纹制作微课。

螺旋线版纹制作微课二维码

此外，还可以不在基线进行相关操作，基线继承于第二层元素（这里我们不再称其为边界元素），第二层元素的对象调节器中相对于基线多了很多参数，对其进行调节后，重复上文中对于基线的操作，即得到图 4-20 的效果图。

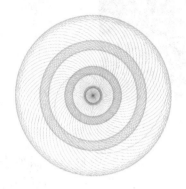

图 4-20

例 2：新建一条基线，设置基线类型为圆，"类型"选项卡中设置"宽度""高度"参数为 5 mm，同时在"变换"选项卡中设置"移动 X""移动 Y"参数均为 -45 mm，将曲线移动到右区界面的左下角。下面，我们进行具体操作：对该元素打开"添加步骤 & 重复设置"，"变换"选项卡中设置"移动 X"渐变参数为 3 mm，混合线数为 30。那么基线曲线将会被复制并且向右进行平移，如图 4-21 所示。

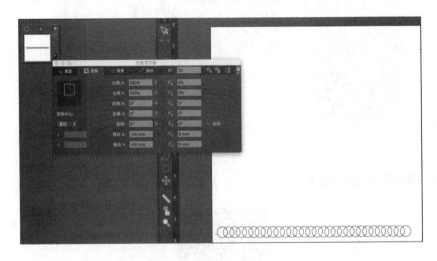

图 4-21

接着，仍然在该元素的"对象调节器"中进行调节：重复上述的操作，再次打开"添加步骤 & 重复设置"，"对象调节器"右侧栏出现"设置 2"表示操作成功。选中"设置2"后，在"变换"选项卡中设置"移动 Y"渐变参数为 3 mm，同时设置混合线数为30。最终版纹效果如图 4 – 22 所示，生成满版圆形（或类铜钱）底纹。

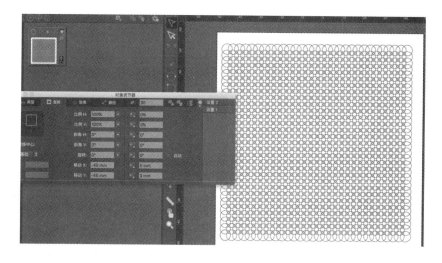

图 4 – 22

附：满版圆底纹制作方法微课。

满版圆底纹制作微课二维码

　　从本例中可看出，"添加步骤 & 重复设置"可以多次打开。第一次打开"添加步骤 & 重复设置"，是对原左下角圆形曲线进行复制，得到 30 个依次右向平移的版纹效果；第二次打开"添加步骤 & 重复设置"，是将上一次中得到的 30 个横向一排的圆形版纹看成一个整体，并对这个整体进行复制与上移的操作，那么每复制一次（即增加 1 个混合线数），就会增加一排上移的 30 个圆形版纹。这个复制的过程，在"设置2"中如果用键盘"↑""↓"键对混合线数进行调整（而非直接设置参数数值），将会更加清晰和明了地看到其中的原理。

　　通过对"添加步骤 & 重复设置"的多次设置得到不同的版纹样式，但同时需要注意的是多次的设置是有先后顺序的，后续的设置会将先前的结果作为一个整体进行复制变换。

2. 渐变参数制作团花

新建一条基线，类型为圆形；基线继承出中区二层的两个边界元素，分别调节二者的"基线补偿"参数，一个作为内层边界，一个作为外层边界，如图4-23所示。

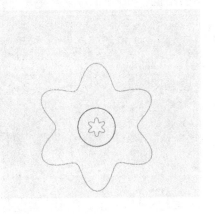

图 4 - 23

而后在两条边界之间进行版纹填充，即同时选中二层两个元素，继承生成第三层的版纹填充元素，打开其"对象调节器"，设置其曲线类型为"Sine Wave"，打开"添加步骤&重复设置"，设置其"位相"为30°（本书中，不经过特殊说明，不带"渐变"二字的均指的是整体参数，而非渐变参数），勾选右侧"自动"方框（即不再自行设置渐变参数，交由软件完成），设置混合线数为4，此时"位相"渐变参数为90°，如图4-24所示。这意味着当前填充元素所包含的4条曲线，位相分别为30°、120°，210°、360°。

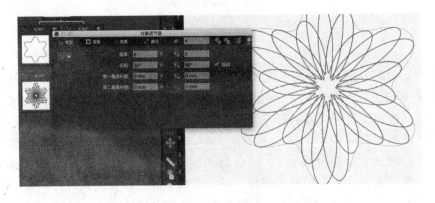

图 4 - 24

现在，我们直接对第三层的填充元素复制两次，生成了两个完全一样的填充元素，且位于第三层。此时，新生成的两个填充元素分别也包含有 4 条曲线，由于是复制完成的，所以这四条曲线的位置也与图 4 - 24 中完全相同，即重合，其位相也为 30°、120°、210°、360°。接着对此进行调整：在第二个填充元素的对象调节器中设置"位相"参数为 60°；同理设置第三个填充元素的"位相"为 0°。由于初始位相的不同，现在第二个填充元素中 4 条曲线的位相分别为 60°、150°、240°、330°；第三个填充元素中 4 条曲线的位相分别为 0°、90°、180°、270°。此时，这三个填充元素共 12 条曲线位相各不相同，即其各不重合，表现在右区中，如同一个包含有 12 条曲线的填充元素而非三个元素。最后，参见上一章中的色彩填充方法给三个填充元素分别填充蓝色、绿色、红色，即完成三色团花版纹设计，效果如图 4 - 25 所示。

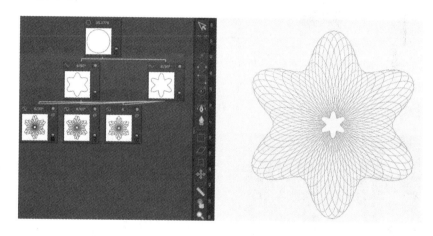

图 4 - 25

从效果中我们看出，表现为一个填充元素的 12 条曲线，填充了三种不同的颜色，这是整体参数和渐变参数配合使用产生的效果。

3. 多个渐变参数相结合制作底纹

新建一个文档，大小为 200 mm × 200 mm。新建一条基线，类型为直线，"长度"参数设置为 200，而后继承生成第二层元素。在第二层元素的"对象调节器"中，选择"曲线类型"为 Eight，"频率"为 34，"振幅"为 3，"边长"为 - 1.8 mm，如图 4 - 26 所示。

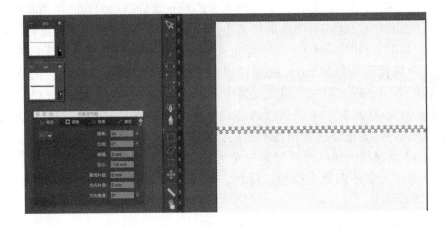

图 4 – 26

继续对第二层元素进行操作，打开"添加步骤 & 重复设置"，设置"混合线数"为 30，"变换"选项卡中"移动 Y"渐变参数为 – 3.5 mm，"路径"选项卡中"描边（控制曲线粗细）"渐变参数为 0.02 mm，完成后如图 4 – 27 所示。

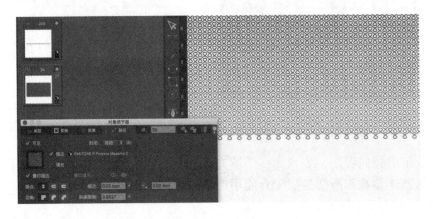

图 4 – 27

对于当前第二层版纹元素进行右键复制，在新得到的版纹元素的对象调节器中，将"变换"选项卡中"移动 Y"渐变参数改为 – 3.5 mm，得到最终如图 4 – 28 所示的版纹效果。

图 4 – 28

　　该粗细变化底纹中，通过对于"线形""边长"等总体参数的控制和"移动Y""描边"渐变参数的调节，得到了最终如图 4 – 28 所示从中间到上下分别逐渐加粗的效果，兼具了美观性和防伪性。

第五章
浮雕、版画与潜影的设计

    本章将介绍浮雕、版画和潜影等防伪版纹的设计。其中浮雕版纹是防伪版纹中最为基础和常用的形式之一，其设计是建立在底纹和团花的基础之上的，显然这之前我们掌握的所有设计理念和设计技巧都可以被应用起来。版画和潜影从某种程度上来说可以认为是浮雕版纹的变化，但同时又具有了新的美学和防伪特性。在章节的最后，会展示一些综合的进阶设计，给大家提供设计思路和灵感。

第一节 浮雕版纹的基本概念及应用

浮雕版纹通常是在某种底纹的基础上，通过改变底纹某些曲线的位置、粗细，使之立体、凹凸地呈现某一图片或者文字的图案（如图 5-1 所示）。浮雕版纹形式不仅能够呈现具体的文字或者图案信息，将其表现得栩栩如生，还因为能够携带或传达信息的特点，使得其广泛应用在包装标签、Logo 图案、印刷防伪等领域之中。若对浮雕版纹的参数进行调整，不仅可以生成版画版纹形式，而且对于图案的表现力也会进一步增强；至于浮雕拓展形式——劈线和潜影，其表现形式另辟蹊径，既可以像浮雕一样去展现图案或者文字信息，也可以恰好相反地被用来隐藏一些信息，增强防伪性能（如图 5-2 所示）。

图 5-1

图 5-2

第二节　浮雕版纹的设计

首先，准备一张照片，以生成所需的浮雕样式。该照片最好为灰度形式（仅黑、白两个灰度值为最佳），且图案构成为大色块而少细节，以方便基础浮雕效果的调整。根据对图片的要求，建议采用最常见的金钱豹图案作为插入照片（如图5-3所示）。

图5-3

其次，新建一个基础底纹（如图5-4所示），为了方便我们基础浮雕的设计，该底纹采用的是简单混合线型，上下频率均为2，混合线数为150。

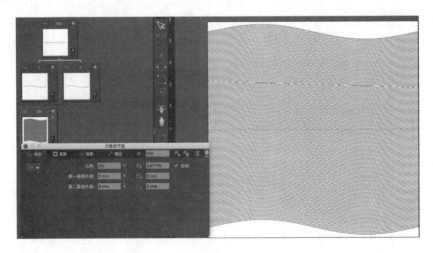

图5-4

　　作为所起浮雕的图案基准，这里需要插入一幅图片。如图5-5所示，单击工具栏中左边第四个按钮"置入新图像"，选中所要插入的图片置入。

图5-5

　　如图5-5右区所示，当前置入的图片过大，需要进入其对象调节器中调节大小，但在中区找不到新置入图片的元素框，其元素框却位于左区，如图中横线所示。可见，所有我们自己重新设计的线、形等元素，其元素框均位于中区；而来自于外部图案或是剪切、成组等操作的元素框都位于左区。

　　双击左区图片元素打开其对象调节器，这里暂且不在"类型"选项卡中通过"宽度""高度"参数（这里的参数通常指的是图片的原始大小，非特殊情况下我们避免对其修改）来修改图片大小，而在"变换"选项卡中修改"比例H""比例Y"参数值，使得图片大小落在底纹的范围内，如图5-6所示。

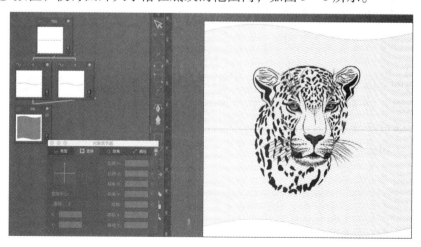

图5-6

现在图片已经恰当地落在了底纹范围内，作为下一步所起浮雕图案基准。软件在起浮雕的过程中会自动探测底纹所覆盖的图片，所以为了方便后续我们对于浮雕效果的观察和调整，避免图片的影响，可以关掉图片在右区的显示，即单击左区图片元素左侧的小灯泡。

现在调出刚才制作底纹的对象调节器（不要在图片的对象调节器上进行操作），进行起浮雕操作。双击底纹元素打开对象调节器，选择进入"效果"选项卡，该选项卡包含有"指纹＋FM抖动"和"线宽浮雕"两个子选项卡。

浮雕需要在"线宽浮雕"子选项卡中进行操作，即勾选"线宽浮雕"子选项卡左侧的"生效"方框，这时软件会在底纹上根据图片起浮雕。浮雕关键参数如"浮雕高度""角度""线宽版画"三个参数会给出一个默认值。观察右区，浮雕效果初步生成（如图5-7所示），点击中区空白处浮雕会更加易于观察，当然，其效果需要进一步调整。

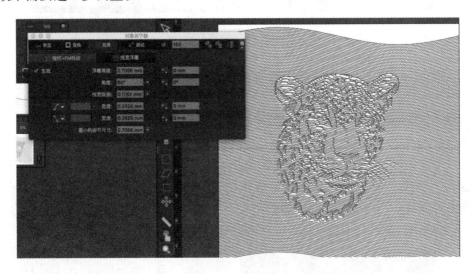

图5-7

当前的浮雕效果不甚清晰，需要进一步调节控制其参数。为了便于观察，我们需要将右区放大，既可使用图5-7中中区工具栏最下方的放大镜，即方框内按钮，也可通过键盘上"Command"键和"＋"或"－"键来对图片进行相应地放大或缩小操作（如图5-8所示）。

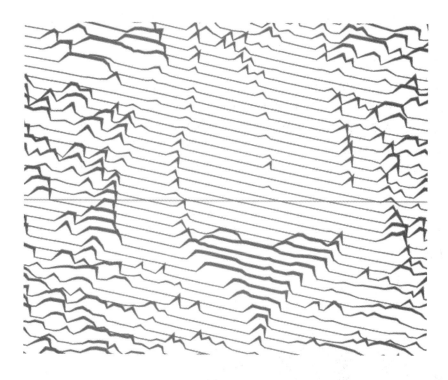

图 5 – 8

观察浮雕细节可以发现，浮雕的视觉效果是建立在原有底纹上发生起伏，或认为是改变原有底纹曲线的前进方向。控制浮雕效果的参数有五个，分为直观参数和间接控制参数。其中直观参数为"浮雕高度""角度""线宽版画"三个。而"浮雕高度"参数主要控制浮雕起伏的程度（或者说浮雕线型偏离底纹原来前进路线的程度）；"角度"参数控制浮雕线条的方向；"线宽版画"参数控制浮雕部分线条的粗细（非底纹，底纹中不起浮雕的线条部分仍然由"路径"选项卡中的描边参数来控制粗细）。间接控制参数为"混合线数"和"描边"。其中"混合线数"控制底纹所包含的曲线数量，当然也直接影响到了生成浮雕所使用的曲线数量。"描边"参数通常是在设计底纹时进行设置的，一般不进行调节。

这里，学习掌握了上述五个控制参数后，通过不断的调节观察，设置"混合线数"为200（合理的增加线数来增强浮雕细节），"浮雕高度"为0.5 mm，"线宽版画"为0.17 mm，"角度"和"描边"参数不做调整，得到一幅较好的金钱豹浮雕版纹，如图5–9所示。

图 5-9

附：金钱豹浮雕版纹制作微课。

金钱豹浮雕版纹制作微课二维码

补充说明：本节中置入的图片，所用到的照片最好为灰度形式（仅黑、白两个灰度值为最佳），如通过对金钱豹浮雕的制作可见，软件生成浮雕的原理在于探测作为浮雕基准的照片的灰度值。若该部分照片上为纯白，则曲线不起浮雕；若该部分照片为非纯白，则无论其灰度值是多是少，都会使得曲线起浮雕。因而当选择颜色比较丰富、灰度值比较复杂的图片时，浮雕效果会显得比较杂乱。例如选择如图 5-10 所示的图片作为浮雕基准置入，生成浮雕效果如图 5-11 所示。这时，由于上述原理，无论怎么调节五个控制参数，都很难对浮雕效果进行优化。

图 5 – 10

图 5 – 11

第三节　版画版纹与进阶劈线的设计

本节继续以金钱豹浮雕版纹为例，围绕"浮雕线宽 = 线宽版画 + 描边"这个公式和"浮雕高度""角度""线宽版画""混合线数""描边"五个参数来进行反复变化，以设计效果来了解和学习版画与劈线。

现在，先来设想一个初步的答案。

（1）若将"线宽版画"参数设置为 0 mm，浮雕是否还存在？

（2）若将"浮雕高度"参数设置为 0 mm，浮雕是否还存在？

（3）若将"描边"参数设置为 0 mm，浮雕是否还存在？

（4）若将上述问题中提到的三个参数任意两个设置为 0 mm，浮雕将会变成什么样式？

下面，我们在设计中来验证这些假设。

（1）将"线宽版画"参数设置为 0 mm。仍以金钱豹浮雕版画为例，按照"浮雕线宽 = 线宽版画 + 描边"的公式，仅仅是线宽版画为 0 mm，浮雕线宽仍然不为 0 mm，而等于描边（也就是底纹的线宽），浮雕高度也存在，那其结果是浮雕曲线线宽变细，细到与底纹非浮雕部分（原本底纹线宽）相等（如图 5 – 12 所示）。

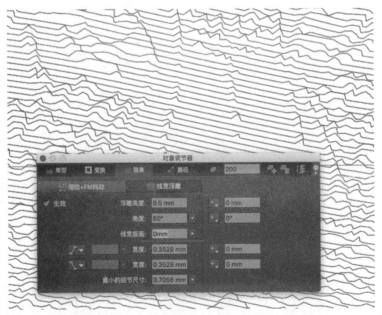

图 5 – 12

这种方法对版纹效果貌似没有提升，反而因为细节不足使得原有浮雕变得模糊。

（2）将"浮雕高度"参数设置为 0 mm。这里浮雕高度为 0 mm 了，虽然意味着底纹曲线上不再发生起伏了（底纹曲线前进方向不发生改变），浮雕自然就消失了，但根据公式"浮雕线宽＝线宽版画＋描边"，其高度虽然为 0 mm 了，线宽版画仍然没有消失，则浮雕线宽仍然比描边（底纹线宽）要粗，所以浮雕自然不会消失，只不过该起浮雕的曲线部分不是发生起伏（或不改变原有前进方向），而仅仅是加粗。其效果如图 5－13 和图 5－14 所示。

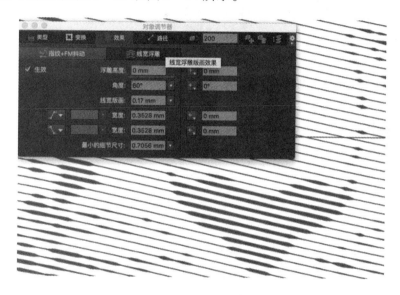

图 5－13

图 5－14

如图 5-13 和图 5-14 所示，由于没有了浮雕高度对于相邻曲线的干扰，在合适参数的情况下，整体的版纹效果反而优化了很多。这种浮雕高度为 0 mm，仅通过线宽来展示图案的方法我们一般称之为版画。

附：金钱豹版画制作微课。

金钱豹版画制作微课二维码

版画效果中基本不用考虑浮雕高度对于邻近曲线的干扰，所以在置入的图片细节丰富、色彩多样、灰度值复杂的情况下，可以有优秀的表现。如图 5-11 中用浮雕难以表现的情况，转为用版画来表示，效果有了很大的优化（如图 5-15 所示）。

图 5-15

在以浮雕和版画为代表形式的这个章节，仅仅这一个案例是远远不够的，需要大家对大量照片进行置入练习，选择浮雕、版画或后续劈线等合适的表现方式，反复调节相关参数到恰当，才能获得宝贵经验，扎实掌握本章的相关内容。

（3）将"路径"选项卡中"描边"参数设置为 0 mm。虽然"描边"参数控制了底纹曲线的粗细，其值为 0 mm 意味着底纹曲线消失，但"浮雕线宽＝线宽版画＋描边"这个公式表明，即使描边参数为 0 mm，但浮雕线宽仍然不为 0 mm，原有底纹曲线虽消失，但在应该起浮雕的曲线路线处仍然会有浮雕出现。如在图 5－14 金钱豹版画的基础上，将描边参数设置为 0 mm，其效果如图 5－16 所示，浮雕曲线的起伏消失了，但原有底纹曲线路线上该起浮雕的部分变粗了。

图 5－16

　　版画的表现是多种多样的，其参数调整是非常灵活的。如图 5－17 和图 5－18 所示，是通过横向竖向两个底纹分别起版画，来增强图案的细节。

图 5－17

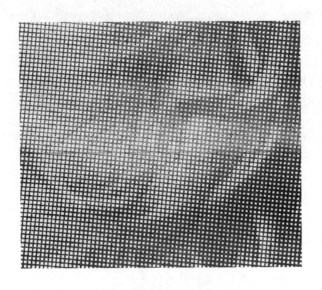

图 5-18

同样，我们使用两个底纹起版画，底纹方向分别为横向和斜向，得到的是另外一种版画效果（如图 5-19 所示）。

图 5-19

如图 5-20 和图 5-21 所示，素描、油画照片都可以通过版画得到很好的表现。

图 5 – 20

图 5 – 21

　　（4）保留"浮雕高度"和"描边"参数，仅将"线宽版画"设置为 0 mm（如图5 – 22所示）。

　　这里我们采用逆向分析的方法，即直接给出最终的版纹效果表现，以此来分析其设计方法，以丰富自身的设计能力，因此来引出劈线版纹的第一种效果。

　　在逆向分析学习过程中，通常要通过综合观察总体效果图、放大细节、中区结构，来分析其设计方法。稍加放大，能够隐约看到隐藏的文字"ARTLINE"（如图5 – 23所示），但观察不到具体细节；而继续放大至看清细节可以发现，其表现为底纹曲线在原本的路线上出现了"分叉"或"劈开"的情形以形成文字，这种"劈线"的形式是难以复制或是扫描的。从效果来讲，其深度隐藏、难以复制和扫描等特点，近乎完美地隐藏了相关的文字信息，极大地增加了其防伪性能。

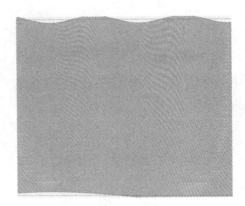

图 5 - 22

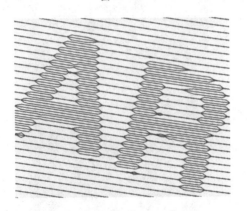

图 5 - 23

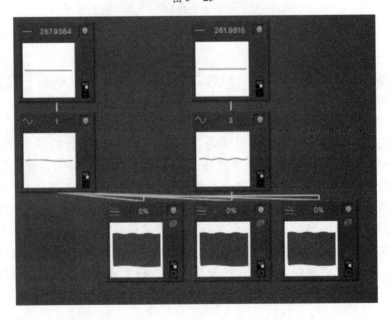

图 5 - 24

　　分析其具体的实现方法，要结合图 5 - 23 的细节图和图 5 - 24 的结构图来看。首先，从细节图来看，显然其从原底纹曲线"分叉"出来的线是浮雕的一种；用控制浮雕的参数来考察，"浮雕高度"存在，浮雕曲线线宽与底纹线宽一样，根据公示"浮雕线宽＝线宽版画＋描边"，"线宽版画"参数应该为 0 mm。这样，初步推定，该劈线效果是通过浮雕来完成的。其次，从结构图来看，这是一个简单的三层结构的底纹版纹，只不过在第三层两条边界线之间进行了三次同样的填充。为了寻找三个填充元素不同，需要分别打开其"对象调节器"观察"效果"选项卡里的参数，第一个填充元素并没有起浮雕，仅仅是基础底纹；第二个和第三个填充元素起了浮雕效果，浮雕的大部分参数完全相同，仅仅在"角度"参数上为 180°反向。

　　可见，三个完全相同的底纹填充元素，一个不起浮雕作为劈线中间的一条线，另外两个分别向上和向下起浮雕，并且"线宽版画"参数为 0 mm，使得浮雕线宽与底纹线宽一致，得到了如图 5 - 22 所示的劈线效果。

　　至于劈线的第二种版纹形式，有着比第一种形式更好的隐藏效果（如图 5 - 25 所示），局部放大也只是能够依稀看到"copy"的白色字样（如图 5 - 26 所示）。继续放大图 5 - 25 可以看到，白色"copy"字样的形成是靠原本底纹曲线镂空形成的（如图 5 - 27 所示）。

图 5 - 25

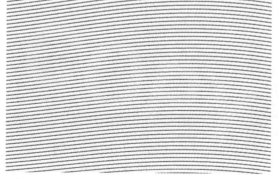

图 5 - 26

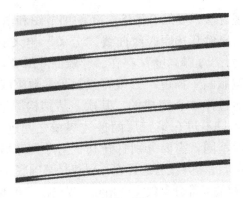

图 5 – 27

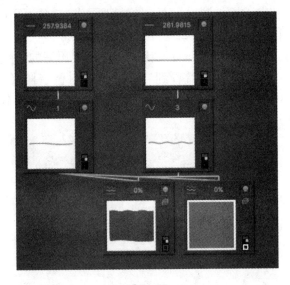

图 5 – 28

打开附件资源中的劈线效果 2. art 文件，或图 5 – 28，观察其中区结构区。这显然是三层底纹填充结构，打开第三层两个元素的对象调节器，第一个元素仅仅为底纹元素无浮雕，第二个元素打开了浮雕功能（见表 5 –1）。

表 5 –1

元素	混合线数	浮雕高度/mm	线宽版画/mm	底纹线宽/mm	填充颜色
第一个元素（仅底纹）	300	无	无	0.0882	绿色
第二个元素（起浮雕）	300	0	0.03	0	白色

首先，从表中的数据分析可得：第二个元素的"描边"参数（底纹线宽）为 0 mm，"浮雕高度"为 0 mm，仅存在线宽版画 0.03 mm。上述版画的对应形式，就是消除了底纹的版画形式，浮雕线宽完全等于线宽版画。而第一个元素的参数，

虽然没有起浮雕，但混合线数与第二个元素完全相同保证了二者的底纹曲线路径完全相同，而底纹线宽0.0882 mm 大于版画线宽0.03 mm，这意味着第二个元素版画的宽度是小于第一个元素的底纹线宽的——版画被包含在了第一个元素的底纹之内。其次，二者的填充颜色——绿色和白色，其镂空成字的效果，实际上利用了版画较细，包含在了底纹之内，在合适的位置给绿色的底纹曲线内覆盖了白色，达到了最终的劈线效果。

从上述两种劈线的效果可以看到，这是在参数和模块相结合的同时，又利用了多种版纹元素相配合的方式制作出了劈线的效果。

第四节　潜影的设计

本节的潜影版纹依旧是通过对参数的综合利用或是多种版纹形式相结合的方法来制作的。

一般潜影是通过成角度（一般为90°）的两组线，来达到隐藏信息或其他目的，所以要先做两组底纹，分别为横向和纵向，互成90°。为了方便控制底纹曲线间距，这里采用了渐变参数的方法在第二层生成了底纹曲线，其中"混合线数"为200，"描边"线宽为0.1 mm，"移动 X"或"移动 Y"为0.5 mm，如图5-29所示。

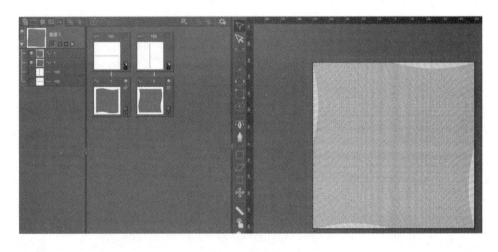

图 5-29

用潜影来展现文字，通常可通过插入文字来起浮雕或版画这两种办法。其中，前者是提前制作好包含文字的图片（如同金钱豹图片）；后者则是利用防伪版纹设计软件新建文字后转化成图片，两者的最终思路都是成文字图片后作为浮雕或版画的基准。这里采用第二种方法，利用软件制作文字图片。

首先，要新建文字文本，点击图5-29中工具栏上的第五个按钮"新建文本"，左区内将会出现新建的文本文字元素，如图5-30横线所示。双击打开文本元素的"对象调节器"，输入文本"ARTLINE"，并调整相关参数，如图5-30所示。

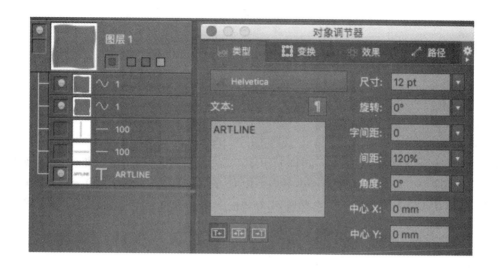

图 5 – 30

其次，文本设置好后，右击左区的文本元素，选择"新建图像组"，随即左区多出一个图片元素，原先的文本元素变为其下拉元素，如图 5 – 31 所示。

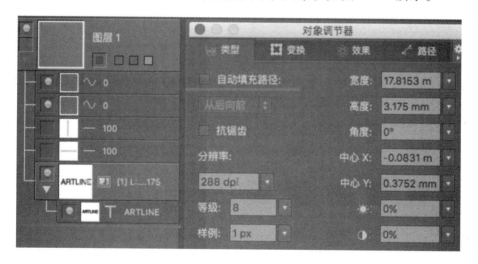

图 5 – 31

再次，对文本进行潜影的制作。先是打开横向底纹元素的"对象调节器"，在"效果"选项卡的"线宽浮雕"子选项卡中勾选"生效"，并把"浮雕高度"设为 0 mm，"线宽版画"设为 – 0.1 mm。

由于这里"描边"参数为 0.1 mm，根据公式"浮雕线宽 = 线宽版画 + 描边"可得，浮雕线宽成了 0 mm，结合"高度"参数为 0 mm，则产生版画曲线宽度反向缩减到 0 的效果（如图 5 – 32 所示），即近似一种镂空效果。

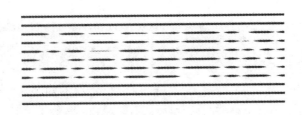

图 5 - 32

接着是纵向的底纹曲线，同样打开其"对象管理器"，在"效果"选项卡的"线宽浮雕"子选项卡中勾选"生效"，并把"浮雕高度"设置为 0 mm，"线宽版画"设为 0.1 mm，"描边"参数设为 0 mm，那么纵向底纹就形成了底纹线宽为 0 mm（底纹曲线消失）、浮雕线宽为 0.1 mm 的版画，其效果如图 5 - 33 所示。

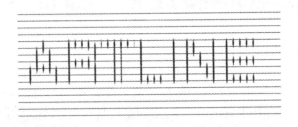

图 5 - 33

最后，横纵底纹叠加起来，横向底纹恰好缺失了文字部分，纵向底纹又只存在文字版画部分，且两者宽度一致，就形成了我们的第一种文字潜影版纹效果。其整体效果和放大效果分别如图 5 - 34 和图 5 - 35 所示。

图 5 - 34   图 5 - 35

此外，还利用"线宽版画"可以为负值的方法，来设计图案的镂空潜影效果。

新建一条基线，打开"对象调节器"，"角度"设为 - 90°，"中心 X"设为 - 50 mm；打开"添加步骤 & 重复设置"，这里设置"描边"参数为 0.1 mm，"移动 X"设为 0.2 mm，生成了所需的镂空底纹，放大效果如图 5 - 36 所示。

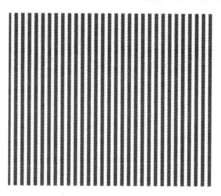

图 5 - 36

随之，在底纹的"对象管理器"中打开浮雕效果，设置"高度"为 0 mm，线宽版画为负值且小于 - 0.1 mm 即可，这里设置为 - 0.6 mm，给版纹留下了 0.4 mm 的宽度，最终镂空版画的效果如图 5 - 37 所示，放大效果如图 5 - 38 所示，可见，版画效果曲线比底纹曲线要细。

图 5 - 37

图 5 - 38

版纹防伪的设计是十分灵活的，是多种手段和方式相结合的，甚至在完成版纹设计后，在后续的整体装饰设计中，仍然可以通过一些手段来生成新的防伪效果。这里，将介绍镂空版画潜影导入到 AI 来制作防伪效果的例子。

一般来讲，这是将设计好的一个一个防伪元素依次导入 AI 中作为不同的图层分别处理。

首先，制作镂空版画潜影，图案基准如图5-39所示。

图 5-39

制作镂空潜影所需底纹，为了突出潜影并且在后期 AI 中做进一步处理，需制作横纵双向的镂空潜影。具体参数为："混合线数"为500，"移动 X"或"移动 Y"为0.2 mm，"描边"为0.15 mm，"浮雕高度"为0 mm，"线宽版画"为-0.1 mm。其整体效果如图5-40所示，放大局部如图5-41所示。

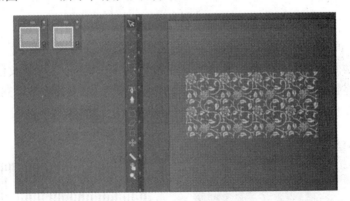

图 5-40

图 5-41

其次，将设计好的双向镂空潜影导入 AI 中进行处理。利用"文件"—"导出"，将当前版纹导出到 AI 中。由于设计的是横纵双向的版纹元素，当前 AI 中会存在两个图层，一个图层为横向版纹，一个图层为纵向版纹。制作一个作为蒙板的图层，这里为了方便，使用绘图工具制作了一个五角星（需要注意的是，这个蒙板就是我们想要隐藏的信息，可以是一个图案或一张照片，也可以是一段文字）；将这个五角星图层复制出一个新图层，则新图层中五角星的大小、位置完全相同；将一个五角星图层放在横向版纹图层之上，将另一个五角星图层放在纵向版纹之上，如图 5 - 42 所示。

图 5 - 42

AI 中的蒙板有两种形式，透明蒙板将会使图层中该蒙板之下的内容显现出来，之外的内容隐藏；相反，不透明蒙板将会使图层中该蒙板之下的内容隐藏，之外的内容显现出来。

最后，将第一个五角星与之下潜影图层生成透明蒙板；将第二个五角星与之下的另一个潜影图层生成不透明蒙板。其蒙板的效果，就五角星图形而言，横向和纵向的两个潜影图层中，一个恰好缺失五角星形状的部分，另一个却只有五角星部分，二者结合在一起，效果如图 5 - 43 所示，放大效果如图 5 - 44 所示。

图 5 - 43

图 5 – 44

　　从整体效果图可以看到，五角星信息可以完美隐藏到潜影版纹之中（细看隐约可见），放大后发现其隐藏方式是由横竖底纹交错所致，产生了视觉错觉。将五角星换成有意义的图案或是文字，在实际应用中有更好的效果。

第六章
剪切 & 平铺万花筒

本章将会介绍辅助设计模块——剪切 & 平铺万花筒功能，通过此功能来设计团花、底纹。

称之为万花筒，是指其最终效果如同万花筒一般。制作方法是在已有版纹（可以是底纹，也可以是团花，或是其他任何版纹形式）基础上，通过对其中一部分进行剪切、复制、平铺等加工制作而成。这里采用了团花版纹，如图6-1所示。

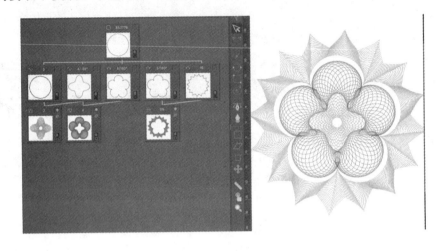

图6-1

在图6-1中，按住"Shift"键，在中区或者左区中，将计划用作被剪切版纹的元素全部选取（这里选中了原团花第三层所有的填充元素），而后点击工具栏第三个按钮"新建剪切&平铺"（如图6-2所示）。

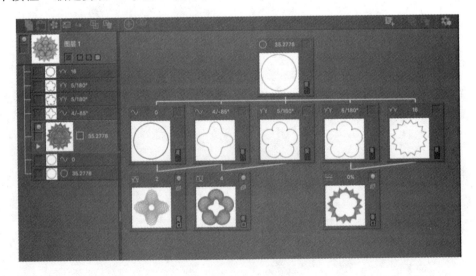

图6-2

然后，在图6-2左区中出现如横线所示的"剪切&平铺"新元素，而被选中的三个填充元素会从左区中消失却以新元素呈现，打开其下拉三角选单可见，同时右区中会出现如图6-3所示方框。

图6-3

（软件操作中注意事项：①为了最终万花筒版纹效果的呈现，被选中的元素保持其右上"小灯泡"亮，未被选中的元素熄灭其右上角"小灯泡"。②被选中的元素将会在后续操作中被剪切、复制，所以将不再被保留，即在最终效果中不再可能被展现出来。）

接着，双击左区新元素，打开其"对象调节器"，勾选"生效"，点击其下的剪切（剪刀图样）和平铺（田字图样），如图6-4所示。

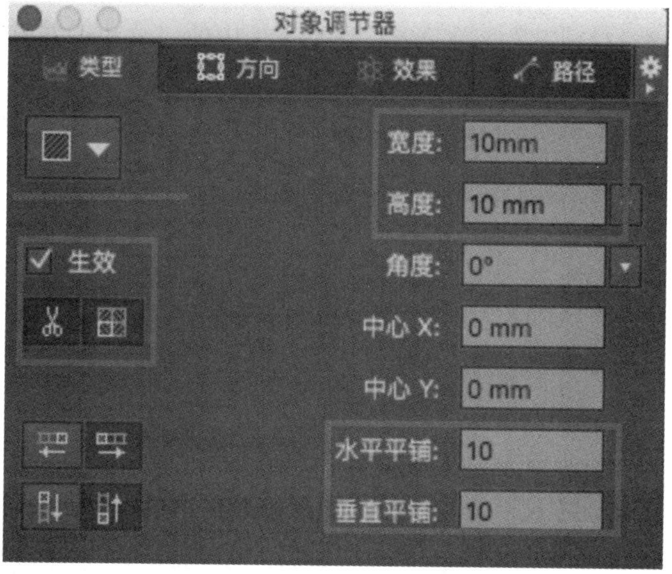

图6-4

在操作万花筒元素对象调节器时，右区被选中的版纹变为灰色，方框就是将要从版纹中剪切的部分，对象调节器中左上"万花筒类型"菜单控制了方框的形状。若要做满版（界面）底纹，选择"万花筒类型"菜单中"万花筒矩形"，设置"宽度"和"高度"参数为 10 mm，则右区方框变为了 10 mm×10 mm 的正方形。铺满整个界面（100 mm×100 mm）需要 10×10 个该正方形，所以设置"水平平铺"和"垂直平铺"均为 10。最后，将"方向"选项卡中"移动 X"和"移动Y"设置为"相对文档为中心"，点击中区空白处，则右区出现了所制作的万花筒底纹，如图 6-5 所示。

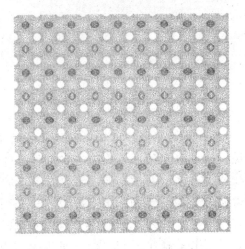

图 6-5

点击中区空白处观看右区效果时，原来被选中的底纹和正方形框都消失不见，重新选中左区万花筒元素则可见。

附：万花筒底纹制作微课。

万花筒底纹制作微课二维码

万花筒底纹的最终效果是将原版底纹正方形框内的部分进行了反复复制，直至铺满整个界面，同时也说明正方形框位置的变化对最终的版纹效果有着决定性影响。例如，重新选中左侧万花筒元素，选择中区和左区之间的黄色箭头"编辑控制节点工具"，将鼠标移至正方形框的中间待其变为十字，拖动正方形框到任意原本版纹（灰色）位置，可以得到不同的新的万花筒底纹（如图6-6所示）。这种万花筒版纹的效果可以说是极其随机的，隐去原本底纹后，完全无法逆向追溯万花筒版纹的设计方法，同时又兼具了美观的特性。

图6-6

在万花筒元素对象调节器的"万花筒类型"菜单中，其中的"万花筒矩形""万花筒等腰三角形""万花筒等边三角形"可用来制作底纹；"花边"可用来制作花边版纹；"镜像线"可用来制作团花。如这里选择"万花筒等腰三角形"或"万花筒等边三角形"，即将原本正方形选框变为了三角形选框，并以此制作底纹（如图6-7所示）。

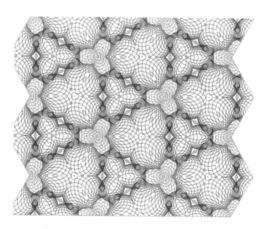

图6-7

随着选中的基础版纹形式、色彩、结构越多样，可供选框移动的位置也就越多，进而万花筒效果也就越丰富。又如，将"万花筒类型"菜单选为"花边"，若是从头开始制作设计，其前期操作如前，效果如图6-8所示。花边可以应用于证书、票据等多种印刷品，也可在AI中进行进一步修饰，制成所需的带状装饰元素。

图6-8

再如，将"万花筒类型"菜单选为"镜像线"，则右区选框变成了一条直线，其原理在于将直线一侧内容删去，而将另一侧内容"镜像"复制到删去内容的一侧。用这种方法，可以制作出新的团花（如图6-9所示）。

图6-9

除了团花，应用熟练后，镜像线也可以应用到一切版纹元素中，通过"镜像"复制带来新的变化。

此外，可在一层万花筒的基础上，以此为选中版纹制作二层万花筒，可获得更具特色的效果。如在图6-9中利用镜像线万花筒制作出新的团花元素，只要选中该万花筒元素，点击工具栏"新建剪切＆平铺"，就生成了新一层的万花筒元素，经过复制平铺得到了第二层万花筒团花（如图6-10所示）。也可以此制成新的二层万花筒底纹，如图6-11所示。

图6-10

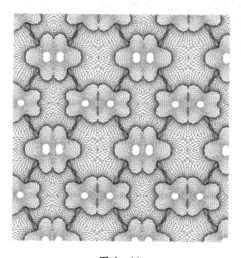

图6-11

在原本伪随机的一层万花筒之上进行了二次伪随机的万花筒版纹制作，其防伪效果和美观效果将更好。

第七章
辅助设计功能

　　除底纹、团花、浮雕、版画、潜影、万花筒版纹等主要功能外，本章将介绍防伪版纹设计软件中剩余的几项设计功能——指纹＋FM抖动、微缩文字和彩虹混合器。

第一节 指纹 + FM 抖动

新建一个基础底纹，线型为"混合"。打开底纹填充元素的"对象调节器"，在"效果"选项卡中选择"指纹 + FM 抖动"，点击"生效"。其下有"指纹 FM""位相""线宽"三个参数，这里将"指纹 FM"设置为 3，"线宽"设置为 0.3 mm，得到效果如图7 –1所示，放大效果如图 7 –2 所示。

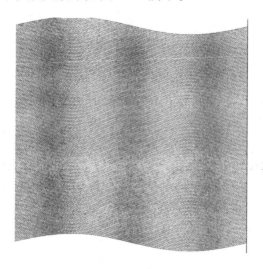

图 7 –1

图 7 –2

添加了指纹抖动效果后，可以看到底纹出现了从左到右三列加粗（或加重），与"指纹FM"参数相对应。其底纹加粗的效果来自于每条曲线加粗后减细，可见，指纹抖动＋FM使得元素内每条曲线出现"指纹FM"参数个加粗的效果。

将"指纹FM"设置数量较多会呈现出不一样的效果，如将其从3调节为100，得到效果如图7-3所示，放大效果如图7-4所示。

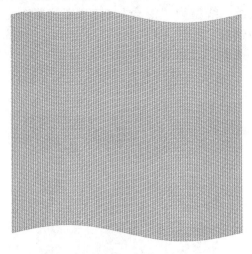

图7-3

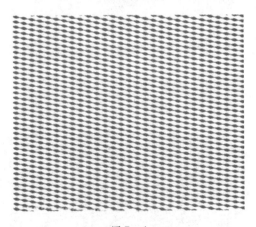

图7-4

由于频繁的抖动，版纹呈现出了不同的效果。在"效果"选项卡内下侧，有"底层路径的一部分"选项框，选中该框并将其右侧参数均设置为0，效果如图7-5所示，可见曲线加粗仅仅出现在上侧，下侧由当前新的参数进行控制。

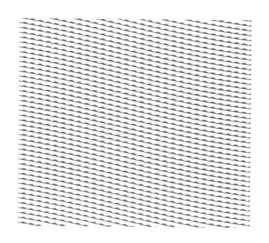

图 7 – 5

附：指纹抖动效果设计微课。

指纹抖动效果设计微课二维码

指纹抖动控制的渐变参数设置得当也可出现新的版纹效果，如图 7 – 6 所示。同时，指纹抖动也可应用在其他版纹曲线中，如图 7 – 7 所示。

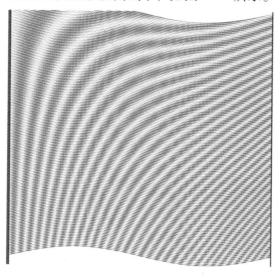

图 7 – 6

图 7 - 7

第二节　微缩文字的设计

微缩文字即微小的文字起到防伪效果。在防伪版纹设计软件中，微缩文字需要依托一条路径进行输入。如新建一条基线，选择其基线类型为螺旋线，选中该基线元素，点击"新建元素"右侧的"新建微缩文字"按钮，在该曲线路径上新建输入微缩文字（如图7-8所示）。

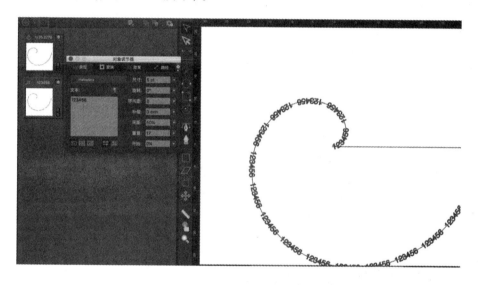

图7-8

打开微缩文字元素的"对象调节器"，输入相关文本，通过参数调整文字大小、字体间距等（如图7-8所示），微缩文字将会沿着刚才做好的曲线路径依次排列。显然曲线路径的制作决定了微缩文字的位置。

微缩文字使用中更重要的是与其他版纹元素的配合。例如新建基础底纹后，在填充元素下新建微缩文字，那么底纹的所有曲线都成了微缩文字的路径。输入微缩文字并完成参数设置后，熄灭底纹填充元素的"小灯泡"，使得右区仅仅显示微缩文字效果（如图7-9所示），放大效果如图7-10所示。

图 7 - 9

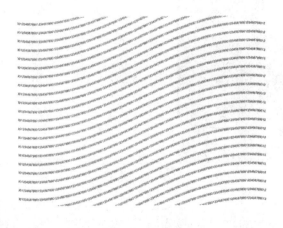

图 7 - 10

　　微缩文字完全替代了底纹，且人眼难以察觉，与原来底纹基本没有区别。从理论上讲，前期所作的所有版纹效果都可以用微缩文字来替代，乃至于在微缩文字底纹上添加浮雕、指纹抖动、万花筒效果等，其可拓展的样式多种多样，唯一的限制是电脑的计算能力。

第三节　彩虹混合器

彩虹混合器其实是一种上色功能，相对于以往单个版纹元素上单色，彩虹混合器可以给版纹元素上多种类似彩虹的渐变效果色。新建一个基础底纹，打开"窗口"—"调节器"—"彩虹混合器"，"彩虹混合器"面板如图 7－11 所示。在"彩虹混合器"中添加或减少色块，获得所需色块颜色后，将"彩虹混合器"色块拖入元素中即可，效果如图 7－12 所示。

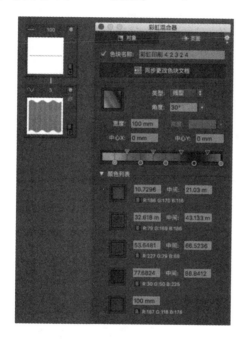

图 7－11

图 7 – 12

　　彩虹混合器也可应用在团花、浮雕、版画、万花筒等，给防伪版纹效果带来了新的变化。